The Next Species:
The Future of Evolution in the Aftermath of Man

下一个物种

生命的进化与人类的未来

（美国）迈克尔·坦尼森／著
黄乘明　周岐海／译

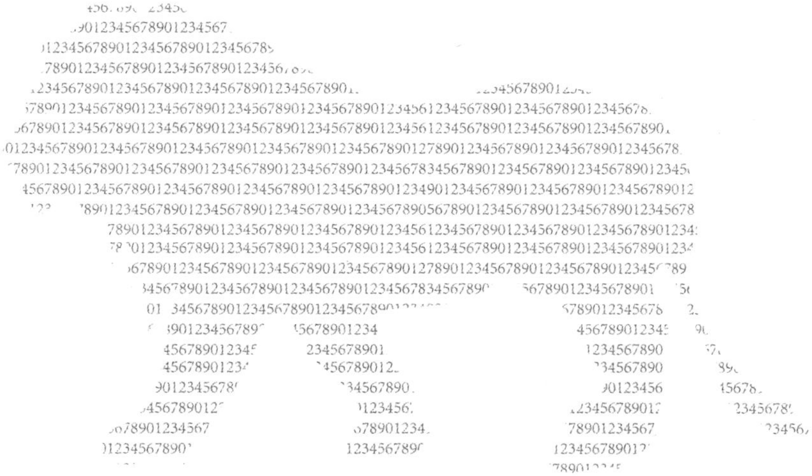

海南出版社
HAINAN PUBLISHING HOUSE

版权合同登记号：图字：30-2016-027
图书在版编目（CIP）数据
下一个物种 /（美）迈克尔·坦尼森
(Michael Tennesen) 著；黄乘明，周岐海译．-- 海口：
海南出版社，2017.1（2018.1 重印）
书名原文：THE NEXT SPECIES
ISBN 978-7-5443-6940-4
Ⅰ．①下… Ⅱ．①迈… ②黄… ③周… Ⅲ．①物种进
化－研究 Ⅳ．① Q111
中国版本图书馆 CIP 数据核字 (2016) 第 298653 号

下一个物种

作　　者：（美国）迈克尔·坦尼森
译　　者：黄乘明　周岐海
监　　制：冉子健
策划编辑：李继勇
责任编辑：孙　芳
责任印制：杨　程
印刷装订：三河市祥达印刷包装有限公司
读者服务：蔡爱霞
海南出版社　出版发行
地址：海口市金盘开发区建设三横路 2 号
邮编：570216
电话：0898-66830929
E-mail：hnbook@263.net
经销：全国新华书店经销
出版日期：2017 年 1 月第 1 版　2018 年 1 月第 2 次印刷
开　　本：787mm×1092mm　1/16
印　　张：16.25
字　　数：233 千
书　　号：ISBN 978-7-5443-6940-4
定　　价：38.00 元

目录 CONTENTS

献给安娜贝拉，我的母亲：一位热爱海洋、山脉、沙漠、鸟类、所有动物和人类的女性。

在我们的眼中，这片土地的每一个角落都是神圣的。每面山坡每个山谷，每块平原每片树丛，都因那消逝已久的时光中的喜或悲而神圣。

—— **西雅图酋长，1854**

我们生活在一个动物贫乏的世界，在这个世界里，所有最大的、最凶猛的和最奇怪的种类最近都消失了。

—— **艾尔弗雷德·拉塞尔·华莱士，1876**

序 言

译者的话

现代环境运动的起始以20世纪50年代蕾切尔·卡森（Rachel Louise Carson，1907 ~ 1964）《寂静的春天》（*Silent Spring*）问世为标志，这部标志性的著作，唤醒了国际社会对环境破坏、对动物保护的关注，人们对环境保护逐步取得共识，越来越受到重视。

20世纪90年代，在巴西里约热内卢举办的第二届联合国环境与发展大会上，与会者共同签署了《生物多样性公约》。生物多样性作为一个新的名词开始得到宣传和普及，生物多样性的重要意义和价值得到认识和肯定。

在全球范围内，由于人类的活动，导致历经了上百万年形成的包括热带雨林、珊瑚礁、温带草原等生物群落被严重破坏，它们面临着前所未有的威胁，成千上万的物种和独特的群落正处在濒临灭绝的边缘。国际权威保护组织INCU所列濒危物种和中国红皮书所列的保护物种除了极少数物种在人类的干预和保护下有所增长外（如我国的麋鹿、朱鹮、大熊猫等），绝大多数种类都面临着栖息地质量下降、栖息地破碎化、非法偷猎和人为干扰的影响，有识之士在呼吁重视我们目前面临着地球生命的“第六次大灭绝”，唤起各国政府、国际机构和普通大众关注地球，关注与我们同在一个星球的生物多样性，关注这些与我们的祖先一道从远古走来的物种。现代人类（Homo sapiens）没有权利消灭它们，只有权利和义务保护它们，因为地球运转不需要人类，而人类的生存则需要地球。

《下一个物种》的作者迈克尔·坦尼森从二叠纪生命大灭绝、物种的起源、演化、人类发展的历史、人类的进化、人口的快速增长带来的诸多环境问题等多角度，采访了近 210 位科学家、环保人士，得到了大量的一手资料，用事实和数据阐明了人与自然和谐共处、人类善待自然和生命是多么的重要！

想想加利福尼亚州洛杉矶市的人口剧增就知道人口增长对环境产生的巨大影响。世界著名的电影城好莱坞就位于这里。1781 年，当时西班牙统治者说服 44 个人从墨西哥出发，调查这片新发现的、充满自由的土地。到了 1800 年，当时定居的 44 人增加到 315 人。再到了 1850 年，墨西哥将加利福尼亚州割让给美国后，人口也只是 1,610 人。再到了 1900 年，人口达到了 102,479 人。1950 年，人口到了 1,970,357 人。而如今，洛杉矶的人口接近 390 万。1900 年之前的 120 年的时间，人口才增加了 10 万多人，1900 年之后的不到 120 年时间，人口增加了 380 万。

纵观世界人口也呈现类似的指数增长趋势。公元 1 世纪，世界总人口数量约为 2,000 万。在最初的一千多年里，人口数量缓慢增长，但在第二个一千年里，特别是在后期，人口数量加速增长。到了 1800 年左右，世界总人口数量也只是 10 亿。到 1930 年，总人口数量才 20 亿。到 1987 年，总人口数量为 50 亿。到 2011 年，总人口数量为 70 亿。到 2024 年，世界总人口数量预计将达到 80 亿。如果以过去五十年的速度增长，2100 年世界人口将达到 270 亿，这将使地球难以维系。

人类的未来在哪？地球的未来在哪？《下一个物种》也许能给我们启示！

感谢海南出版社领导和编辑同志选择出版此书。感谢中国科学院大学李大光教授的信任，再次推荐我们的团队翻译此书。

感谢远在美国的陈浩源先生帮助翻译了最难理解的两段文字。

我们的团队为本书的翻译付出了很多，其中李生强翻译了前言和致谢；王松负责第一章和第二章；周雪婷负责第三章和第十三章；莫海萍负责第四章；黄海燕负责第五章和第八章；林峰翻译了第六章和第七章；唐祺玲负责第九章和第十二章；蒋娇云翻译了第十章和第十一章；谢海负责了第十四章和第十五章；黄乘明和周岐海负责全部的校对和部分翻译工作。

相信这部书的出版，同样也能引起社会大众对环境问题的关注、对生物多样性保护的关注，对推动我国的生态文明建设起到一定的作用。

中国科学院动物研究所　黄乘明

广西师范大学　周岐海

2016.4

序 言

我们无法预测的未来

六月的一个下午，正值酷热的旱季，我们乘坐秘鲁军方的米-17直升机从靠近秘鲁阿亚库乔镇附近的一个军事基地出发，沿着安第斯山脉西侧缓慢爬升至宏伟壮丽的山峰。下面是广阔而干旱的山地，零星点缀着仙人掌、灌木以及绵延广阔的空地，这些空地中间镶嵌了被一层细小尘埃笼罩的小村庄。

这些坡地构筑了地球上最干旱地区之一的阿塔卡马沙漠的东部边界。这里没有任何征兆预示着越过了安第斯山脉的顶峰，迎接我们的是苍翠的雨林。当直升机穿越山脉后，亚马孙河源头突然映入眼帘，顿时让飞机上的乘客(包括一名军方人员和一个由科学家组成的国际研究小组)眼界大开，他们惊喜地发现郁郁葱葱的植被像厚厚的毯子一样覆盖在如此湿润的山地上。

在直升机上，一群来自华盛顿的著名生物学家将在安第斯山脉东部的比尔卡班巴热带森林开展一次野生动物快速粗略调查。由于安第斯山脉正受石油与矿业利益集团的威胁，因此，他们受国际环保组织“保护国际”的委托开展一项“快速评估项目”。而本次调查正是“快速评估项目”的一部分。“保护国际”希望了解这一地区的植物和动物种类是否足够丰富，值得利用他们有限的保护经费来拯救它们。物种越丰富，某些物种能在当前的环境危机中继续生存的机会就越大。

我和科学家们一同坐在用螺栓固定在飞机上的金属长椅上，周围是堆积如山的设备，让人感觉十分不舒服。大多数人都穿着各式各样的高帮靴，有些人留着大胡子，还有几个穿着大衣。当他们从机舱的玻璃窗户和打开的舱门透过云层第一眼看到即将开展研究的热带森林时都非常激动。一名没有系安全带的秘鲁士兵抓着舱门附近的把手一直在巡视下面的森林，他的脚和枪悬挂在直升机的外面，显得非常危险。由于前一天他的一名同事受叛乱分子袭击而受伤，他需要判断森林中是否存在危险。

我们的目光向东伸展至亚马孙盆地，那里的太阳已经开始照晒热带森林，森林中的水分蒸发形成高耸的积雨云，中午之前将为安第斯山脉东面带来一波又一波的雾和降雨。这些雨水孕育了一个郁郁葱葱的热带动物王国，它们被科学家们认为是地球上所有现存森林中生物多样性最为丰富的地区。众多生活在安第斯山脉和毗邻的亚马孙盆地的动植物物种对于热带地区乃至全球的健康都是至关重要的。这一区域养育着许多地球上的陆地植物和动物，它的生物多样性影响着全球的物种多样性。科学家告诉我们自然界目前面临的生存危机之一，就是由于人类对土地的利用活动导致物种数量急剧下降。我们最大的希望是热带地区能作为一个物种存储库，确保大自然能在将来复兴，这也是如此多科学家们乘坐这架直升机到此的原因。

科学家们提出这个希望自有理由和先例，这也是这些科学家正在研究这个特殊景观的原因。例如，在过去的冰河时期，大多数安第斯山脉的动植物从高海拔地区向下迁移，并生活在较低海拔相互隔离的雨林板块之中。当冰川冲刷大半个地球，摧毁途中所有未能趋避的生命时，在更邻近两极的地方(南美)，安第斯(山脉)和亚马孙(雨林)会成为一个抵御寒冷侵袭的温暖避风港。

如今，安第斯山脉东面是地球上仅存的几个新物种丰富的地区之一，仍存在着大量未被科学家发现的动物种类。该地区被列为全球性的保护热点，拥有十分丰富的生物多样性以及许多在世界其他地方未发现的特有物种。正是地球上这么一个难至的暗角，科学家们希望大自然能挺过当前人类的袭扰，重现新的物种。

从我们的直升机向下看到的山地被称为“云海森林”，这里的树木被苔藓与蕨类所覆盖。树冠上满是兰科和凤梨科植物，它们或扎根于叶子和树木弯曲部位的腐殖质中，或扎根于树枝的树皮内有泥土的地方。

这里的许多物种被维克森林大学生物学家迈尔斯·希尔曼描述为“鞋带状分布”。它们生长和繁殖的区域可以水平伸展数百公里，但垂直伸展仅几百米。希尔曼说：“我能将石头扔出超过某些植物的高度。”他担心气候变化可能促使这些植物向上生长过快而难以适应新的环境。

之所以将这个地区称为“云海森林”是有其缘由的。由于持续的云雾笼罩，人们得花数天时间才能降落在这样一个区域。第一天我们尝试降落，但我们的军用直升机最终因为天气原因而折回，随后飞行员决定去拜访沙宁卡的印第安人。当我们到达时，部落所有人都出来迎接我们。他们的脸和胳膊上用果汁涂着条纹：丛林版化妆。一个妇女给我们奉上吉开酒，这种酒产自丝兰，部落中的女人将其咀嚼后发酵制成的。飞行员告诉我们拒绝她们的酒是对部落的严重侮辱。迄今为止，沙宁卡人仍在当地森林中狩猎和在附近河流中捕鱼。

第三天，当云层终于散开时，我们成功降落。我是最先冲下飞机的人，我的靴子深深地陷入了泥泞的土里。我转向身后的一个科学家并告诉她这是一个糟糕的地方，但她并没有像我一样犹豫不决。她对我说：“环境就是这样的。”并示意我继续前进。我们花了几个小时卸下设备，并用弯刀开路穿越森林最终到达一座小山上。我们在小山上清理出一块空地，搭建起一个虽然十分潮湿但功能齐全的营地。

热带安第斯山脉的面积虽不及世界陆地面积的 1%，却拥有世界上约六分之一的植物种类。白面猴、蜘蛛猴和鬃毛吼猴在树林中穿梭移动，它们的尖叫声和怒吼声响彻天地。美洲狮、熊、白唇野猪和山貘开始在树林搜寻它们的晚餐，而鸟儿、蝙蝠、蝴蝶则隐藏它们的行踪。在一个面积仅为新罕布什尔州大小的区域内，分布着超过 1,724 种鸟类，这比在加拿大和美国发现的鸟类种类总和的两倍还多。

比尔卡班巴山脉与周围的山脉被阿普里马克深谷和乌鲁班巴河流分隔开。就像一片丛林中的一个小岛，犹如被海洋包围着的孤岛。

热带地区的生物是独特的。动物通常特化为以一种单一植物或一个植物族群为食。有些花长着长而弯曲的管子，只能依靠某些长着类似弯曲喙的蜂鸟来授粉(注：花的这种对授粉者产生选择作用的管状结构称“花距”，长在花基部)。但也有作弊者，如“刺花鸟”，这种鸟能用它那啤酒开罐器般的钩状喙在花基底打洞，从而不用通过那长管也能像蜜蜂与蜂鸟一样获得花蜜。

在我们的行程过了约一个星期的某个晚上，天开始下雨，当地的爬行动物学家莉莉・O. 罗德里格斯和我戴上头灯，一头扎入暴雨中去搜寻新的物种，因为大雨会引来不同的蛙类和两栖动物。罗德里格斯开始给我讲述这些动物如何特化以应对激烈的竞争。她说这里的某些蛙类没有蝌蚪；它们就像鸡孵蛋一样坐在自己的卵上面。其他的蛙类把蝌蚪隐藏在溪水上的树叶下，当它们孵化出来的时候，蝌蚪就会落入溪水中。当溪流流速太快时，一些蝌蚪还会用它们的大嘴巴吸附在它们喜欢的岩石上。

雨越下越大了，我们在戈尔特斯皮质大衣外套上防水的军用雨披。然而，当罗德里格斯以为自己听到了一个新的蛙叫声时，即便是大雨也无法阻止她爬上一个光滑潮湿的树枝。虽然那晚她并没有在树枝上发现什么，但在我们一起工作的四个星期中她发现了 12 个新物种。

进化的奇迹在这些纯净青翠的角落里得以证实：这里的生命栖息于一些其他生物需要极复杂策略才能充分利用的微小生态位。问题是：大自然会给我们足以迎接未来的生态位和策略吗？如果生物多样性还能抢救，热带地区会是希望之一吗？现代人能搭上这班车吗？

现代生物学家们之所以忧心忡忡，部分原因在于他们担心我们可能正处于一次大规模集体灭绝事件的开端，已有超过 75% 的动植物物种灭绝。动物首次出现在化石记录中，这样的事件在过去的 60 亿年间仅发生过五次。结合过去几个世纪和几千年中已知物种的灭绝，如今科学家们认为地球正经历着第六次大灭绝。来自加州大学伯克利分校的生物学家近期在科学杂志《自然》上发表了一份报告，强调如果当前对物种的威胁无法缓解，那么从现在起短短的三个世纪中，我们将可能达到一次大灭绝的顶峰。

1800 年，地球上的人口数量在不到 200,000 年的时间里增长到 10 亿人口，然而 2000 年我们的人口数量已超过了 60 亿，到 2045 年我们的人口数量预计将达到 90 亿。这是一个前所未有的增长速度，伴随而来的是难以想象的风险和无数的副作用，一个疯狂危机的源泉。

由于我们对环境的多重伤害，地球上濒临灭绝的动植物种类持续增长。这种情况正变得越来越难以被忽视，然而处于困境中的人类似乎明显忽视了这些。我们已经成为自然的致命病毒。

如果追求有增无减，过度的人口增长以及伴随而来的地球自然资源的耗竭可能最终导致人类自身的灭亡。然而，从地质学角度上讲，正如我们所走过的伟大足迹一样，在短暂的时间里我们已经做了很多有害的事情。如果把地球的整个历史看作是以 24 小时为单位的一天，那么我们仅仅进入了这一天最后时刻的画面。我们成功得太快了。

当然，无论我们在地球短暂的停留造成了多大的伤害，地球终将会恢复。毕竟这仅仅意味着人类的终结而不是所有生命的灭亡。生命是有弹性的。植物、动物和微生物都将会幸存、适应、多样化和扩散开来。新的植物将进化来取代我们的玉米、小麦和大米等单一作物。随着周围的动物越来越少，那些在灭绝瓶颈中幸存的物种将会进入新的被废弃的空间。那里没有竞争，它们将会不断繁荣并快速进化。

所有这一切在过去都发生过。

不管什么起因，所有大灭绝后都是复苏。4.43 亿年前奥陶纪灭绝事件，接二连三交替出现的冰川周期导致 86% 的物种灭绝。3.59 亿年前的泥盆纪事件，全球冷暖交替的连续冲击导致 75% 的物种灭绝。2.51 亿年前的二叠纪事件，西伯利亚的超级火山爆发摧毁了 96% 的物种。2 亿年前三叠纪事件，在全球变暖与海洋酸化的共同影响之下，80% 的物种灭绝；6500 万年前白垩纪事件，在小行星的影响之下，76% 的物种灭绝。尽管我们能够确定每次灭绝的主要原因，但每次的物种大灭绝都是由多种原因共同造成的。

最为人所知的是 6500 万年前的白垩纪大灭绝，虽然它也受到超级火山爆发的影响，但主要是由于小行星撞击所致。印度德干地盾地区分布着大面积的火山岩，高原和山脉呈梯状分布，由大量的玄武岩火山喷发而形成。2.52亿年前的二叠纪灭绝事件，主要是由于洋流循环崩溃所致，火山爆发也起到了助力作用。然而，尽管它们造成了巨大的破坏，但二叠纪大灭绝却为恐龙打开了机遇之门，而白垩纪大灭绝又为哺乳类动物和人类打开了机遇之门。

史密森学会的古生物学家道格拉斯·欧文说：灭绝是一种强大的创造力。他在《灭绝：2.5亿年前地球上的生命如何灭绝》一书中描述："在进化创造力的作用下，从大规模灭绝中幸存的生物得以快速发展，从而改变生态群落的优势成员，使得生命物质向着新的且未知的方向发展。"

安东尼·巴诺斯基，一名来自加州大学伯克利分校的整合生物学教授，同时也是在《自然》杂志发表论文的主要作者，他提到判断我们是否面临一次大灭绝事件的关键因素是极度濒危、濒危和易危物种的生存现状。他说："当这些物种存在时，与长期的生物多样性基准线相比，地球上的生物多样性将处于好的状态。但如果它们中的大部分物种灭亡，即使它们的灭亡会延续到接下来的一千年，仍无法阻止第六次大灭绝的到来。"

他认为如果我们现在就拯救那些被认为处于困境中的物种，也许我们还有希望。但我们拯救濒危物种的工作已经陷入了古生物学家所称作的"死枝漫步"，这里的"枝"代表生物群组。加利福尼亚秃鹫正是缓慢消失的物种中的一个例子。它们正面临着来自铅中毒、致命杀虫剂以及城市扩张的威胁。目前人们花费了数百万美元以及大量的工作来保护其关键栖息地，笼养繁殖以及野外放归，但加利福尼亚秃鹫能否继续存在到下一个千年呢？

如果是这样，其他鸟类能否在大灭绝的瓶颈中幸存下来呢？爬行动物、鱼类、昆虫、哺乳动物，可能甚至人类能否幸存下来呢？它们与目前存在的形态有何不同呢？这就是我们将在这里开展调查的内容。

本书着眼于过去的灭绝事件、人类与自然的演变、正在进行的进化改变以及可能发生的进化改变。我们的书名"下一个物种"有其引申意义。我们更感兴趣的是下一个海洋和陆地动物的物种以及下一个人种。这项研究是建立在科学论文、书籍以及个人访问和专家访谈的基础之上的。其观点是基于过去的化石证据、目前的研究以及专家对未来的预测。

我拜访了 70 多名科学家，他们来自哈佛大学、麻省理工学院、杜克大学、史密森学会、美国自然历史博物馆、加州大学伯克利分校、斯坦福大学、印第安纳大学、伦敦大学、英国牛津大学、马克斯普朗克研究所及其他单位。我们还通过电话访问许多人。

许多人认为灭绝是生命的一个正常过程，如史密森学会的古脊椎动物学馆长汉斯 – 戴尔特・苏伊士。苏伊士说："地球上几乎 99.999% 的生命都已灭绝，所以现代人也将如此。"可能在一千年里我们将知道如何实现星际旅行，如果这里的形势继续恶化，我们能够去达其他地方。但这种可能性跟我们被自己搞出来的超人类灭绝的可能性相同。

我在书中回顾了世界在进化过程中所受的经验教训。过去的大灭绝能够告诉我们什么？原始生态系统能够在战争地区和核事故中保存下来吗？洛杉矶地下 30,000 年的化石能告诉我们多少有关生物多样性的故事呢？科学家们能否将大象、猎豹和狮子重新引入美洲和欧洲呢？水母和巨型乌贼将会主宰海洋吗？疾病在缺乏其原生物种的环境中能否生存呢？逃离到火星的机会究竟有多大？

我们还将探索发生其他生命进化方式的可能性。大灭绝引起的隔离效应是否为另一个人类物种提供进化的机会呢？遗传能否为我们的孩子提供更好的智力、更长的寿命和独特的身体呢？或者说科学家们是否能解决如何上传人类思维，从而淘汰我们的身体，使我们像机器人或者虚拟世界中的替身一样生活？

一切皆有可能。

第一部分

回顾过去

第一章

大灭绝：犯罪现场

如果你对大灭绝充满好奇，你可能会想去得克萨斯州的最高峰——瓜达卢佩山国家公园去看看那里的卡皮坦礁遗址。在恐龙尚未出现时，海洋中已有大量生物在这里生活着。此时在干旱陆地上行走的生物还不像它们后来那样巨大而多样。各大洲还是连在一起的一个大陆板块，但随着大陆板块的破裂、漂移和分离，新物种的进化有了必不可少的隔离条件。二叠纪灭绝后，生命才得以真正繁盛起来。在二叠纪灭绝时，大量生命毁灭，紧接着它们又再次复兴，这给我们自身面临的困境提供了许多教训。

卡匹坦礁现在虽已死寂一片，但就在最严重的大灭绝之前，也就是2.72亿到2.6亿年前的二叠纪时期，这里曾经繁盛一时。国际地质学联合会在公园内选了3个点作为“金质标点”，用作比对二叠纪中期其他岩石的标准（实际上用来标记这些点的是黄铜牌匾）。

一天，当我攀登卡匹坦礁时，在登山小路的起点遇到了瓜达卢佩山国家公园的地质学家乔恩娜·赫斯特。她花费了20分钟耐心解答一位游客的问题，并给我展示一些地图和地质学图表。随后，她大笑地说道是时候继续出发了。一路上我一直跟随着她。秋天是东得克萨斯的换季转折点，早上还吹着带有冬季寒意的风，下午却像夏天般炎热。我们面前的麦克奇垂克峡谷仿佛把瓜达卢佩山脉切了一刀，露出卡皮坦礁的脊柱，这也是地球上化石最多的礁石之一。

周边的山地是干燥广阔的沙漠，生长着仙人掌和木馏灌丛，它们为各种兔子、蛇类和蜥蜴提供着安全的庇护所，这与比尔卡班巴的热带雨林形成鲜明的对比。沙漠羞于展示任何的繁盛，而雨林湿润且充满生机。沿着麦克奇垂克峡谷往上走，一条小溪若隐若现，小溪周围生长着棉白杨。这里的树木充满着秋色，但我们随着小路很快离开了小溪，沿着陡峭的堤岸走向上面的卡匹坦礁。

我们从这里的礁石看到了曾经生活在远古海洋的众多海绵动物和贝类的钙化遗体。一个巨大的断层将礁石的一部分高高举向空中，向所有前来观看的人们炫耀着这些裸露的岩石。这里的道路非常陡峭，狭窄而曲折，到处是光滑的卵石，对人的平衡力和体力是巨大的考验。然而这个地方仍然很受欢迎，特别是地质学家和古生物学家，因为它是引导人们进入远古世界的化石遗迹。

生命的壮丽篇章

公园地质学家赫斯特是这片财富的管理者，对于它错综复杂的秘密了如指掌。她不仅博学多识，还精力充沛。她告诉我两周前她才刚刚来过这片礁石区。虽然她的呼吸有些沉重，但她仍笑容满面。她大叫道："这里是地质界的迪斯尼乐园。每次来到这里，我都能学到新的东西。你问我到底来过多少次？"她大笑着指着礁石说："我也不知道，但是我还会再来！"

这次远足开始于举世闻名的特拉华盆地的底部，这个盆地一直延伸到得克萨斯。卡匹坦礁沿着盆地边缘绵延数公里，盆地马蹄铁形状的开口曾经通向一个远古海洋。2.5 亿年前，这片礁石仍闪耀着生命的光环，数以百万计的幼鱼和其他海洋生物都曾经利用礁石的角落和裂缝躲避猎食者。

那时候，两个巨大的大陆——劳伦古大陆（由现在的北美洲、欧洲和亚洲组成）和冈瓦纳大陆（由现在的南美洲、非洲、南极洲和澳大利亚组成）形成了地球表面的陆地景观。这两个大陆在一次碰撞中快速形成了盘古大陆。盘古大陆经历了二叠纪灭绝事件，这是过去6亿年中最接近地球生命终结的事件。

我们行走的路线讲述了二叠纪灭绝发生前生命的壮丽篇章。头顶上巨大礁石斜坡下那些松散的岩石让我们心惊胆战。我们沿着沙漠上方的小径迅速攀升。这里曾是深水礁石，和如今人们熟悉的观光潜水所看到的浅水礁石不同。如果在二叠纪，我们现在应该是在海平面以下5,000英尺（1,500米）行走。赫斯特说："我们需要一条很长的通气管通到海面。"

继续向上走，巨大的卵石和分层裸露的岩石逐渐取代了松散、多石的斜坡。赫斯特在一块和我们一样高的巨石前停下脚步，注视着上面的纹理。起初，我并没有发现什么特别之处，感觉就是一块大石头。但当她指出岩石中的很多化石时，证实我们并不是在看一块普通的石头，我们看到的是远古礁石动物的钙化遗体，它们曾经是很多聚集在一起的生命。

二叠纪时期，这条生命的走廊里有像花一样的海百合，它们的基茎附着在海床上，伸出许多附着黏液的触手进行捕食。现在你看到的正是它们在岩石中的化石遗迹。这里还曾有苔藓虫，这些小动物非常像珊瑚虫，聚集在一起生长，看上去就像精美的扇子、有蕾丝边的蕨类植物或水果样的陈列品聚集在众多石壁上。这里还曾有类似蛤的生物，称为腕足类。它们布满了相互缠绕的细丝，帮助它们筛选水中的食物，但有时也会制造一锅糟糕的杂烩汤。这里还曾有种类众多的海绵动物以及居住在大螺壳里类似鹦鹉螺的生物。这些动物被周围的海藻像胶水一样黏着在巨石上。当赫斯特指向附近的其他岩石时，我更加震惊了，所有的巨石都展示出相似的令人惊讶的画面。

我们从卡匹坦礁的底部一直沿着小路向上攀爬。当我们接近曾经处于阳光照射和受波浪影响的那一部分礁石时，礁石的生物群落发生了改变，从以海绵动物和苔藓虫为主的海洋生物群落变成以藻类和大的类似蛤的腹足动物为主的海洋生物群落。

走向曾经的海平面，海绵动物消失了。我们进入了潮间带，退潮让这里的岩石得到周期性的阳光照射并暴露在空气中，使得这里的动物群落发生更多的改变。再往前，我们可以看到石灰质火山岩岛屿的遗迹。在火山岩岛屿的后面是沙地和被潮汐切出的砾石带，继续往后是一个巨大的咸水湖干涸后的遗迹，位于海岸盐滩边上。

在 2.98 亿年前到 2.51 亿年前的二叠纪，这些礁石在整个西得克萨斯山地随处可见，这里曾经是一片温暖热带海洋的边缘。在初期，这些礁石应该绵延了几百公里长。

礁石是生物多样性最高的生态系统之一，它们是海洋中的雨林。然而相比于热带雨林，它们留下了更多的证据让古生物学家进行研究，因为它们是由硬体生物组成的，这让它们能够形成很好的化石。这就是古生物学家们为何数十年都到麦克奇垂克峡谷朝圣：来见证大自然的结晶被几乎完好无损地发掘。

很久以前，人们看到这个塔形的生命历史纪念碑，却并不明白自己看到的是什么。对岩石中化石的识别和研究开始于 15 世纪末的一次偶然事件，当时两个渔夫在意大利里窝那沿海抓到了一条巨大的鲨鱼。当地的一名公爵将这条鲨鱼赠予尼尔森・斯坦森（亦称尼古拉斯・斯蒂诺）——一名在佛罗伦萨工作的丹麦解剖学家。斯蒂诺在解剖这条鲨鱼时意识到它的牙齿非常像“舌石”——一种石头收藏家一直在收集的三角形碎石。当时几乎没有人把这种舌石或任何其他化石与远古海洋生物的遗体联系起来，但斯蒂诺提出了这样的观点，并因此被认为开启了一门新的学科——古生物学。

随着对化石了解的不断增加，1815 年，威廉・史密斯，一位来自英国剑桥郡的地质学家，出版了一份完整的英格兰和威尔士地区的地质图。

他首次利用化石作为工具，依据切割岩石后看到的层理、线条以及地表层合单元标注岩石时间并绘制地图。但直到达尔文之后，科学家们才意识到这些化石对理解进化时间进程的重要意义。

地质学家发现北美洲的岩石层与亚洲甚至非洲的岩石层在时间上是一致的，岩石中化石的相似性足以证明它们在进化上的同步性。但是，地质学家们开始意识到地球史的岩层记录在时间上与达尔文的进化论有些不同。这位大师相信进化是一个经过许多个世代慢慢积累变化的过程，这个过程从地质学的角度来看是缓慢的。“自然界从不飞跃”是他的信条。但其他科学家开始从地球史的岩石记录中发现众多剧变，这表现在动物化石发生突然而彻底的改变。

这些剧变引发了对达尔文伟大理论的修正，那就是大灭绝。大灭绝之后进化并未停止，但是大灭绝重新调整自然的秩序，淘汰老的生命形式，并创造新的生命形式。

白垩纪大灭绝事件

在 6.35 亿年前的埃迪卡拉纪时期，大气中的氧气含量开始接近现在的水平，出现了简单的无壳或无骨动物。从那之后，地球发生了 5 次生物大灭绝。现在，2.5 亿年前二叠纪大灭绝之前那段时期的残迹，就在我与任职于国家公园的地质学家赫斯特的四周。

五次大灭绝事件中最著名的可能是发生在 6500 万年前的白垩纪末期大灭绝，它使恐龙彻底灭绝。长期以来，科学家对恐龙灭绝的原因一直存有争议，直到 20 世纪 70 年代末，加州大学伯克利分校的一个科学团队提出了一个理论。路易斯 · 沃尔特 · 阿尔瓦雷斯，一个戴着眼镜的核物理诺贝尔奖获得者，也是团队的领导者，在《地球的沉积物》一书中提到他发现了异常高的铱含量，而这种重金属很少出现于地球表面，但在陨石中十分普遍。这本书还描绘了发生在意大利和丹麦的白垩纪大灭绝。

阿尔瓦雷斯和他的同事宣布白垩纪灭绝的秘密已被解开：一颗小行星造成恐龙的灭绝。整个科学界为之震惊。

科学家们起初对此表示怀疑。之前的假说认为火山或冰川是造成这场大灭绝的主要原因。然而在 100 多个出现白垩纪大灭绝遗迹的地方最终都发现了大量的铱，这个证据不容忽视。但是陨石坑在哪儿呢？

阿尔瓦雷斯团队一直在地球上寻找一个符合他们工作要求的洼地。这个团队计算出这颗小行星的直径应有 7 英里（约 11 公里）。1990 年 6 月，就在阿尔瓦雷斯发表声明的 20 年后，地质学家们在墨西哥希克苏鲁伯镇附近的尤卡坦半岛北角发现了一个巨大的陨石坑，这个陨石坑因此而得名希克苏鲁伯陨石坑。

这个陨石坑显示这颗小行星有 7.5 英里（约 12 公里）宽，以时速约为 44,640 英里（约 20 公里每秒）的速度撞击地球，这个速度大概相当于子弹速度的 20 倍。这次撞击释放的能量比目前测试过的最大核弹爆炸能量的 100 倍还要大。

这次撞击不仅引爆了数万吨的岩石，还令小行星的大部分残留物被冲击到了大气层，其中某些元素进入了轨道，而其余部分变成密集燃烧着的流星返回地面。这些火球引燃了白垩纪末期翠绿的景象，在撞击后的数周内烧掉了地球上半数的植被。大火产生的烟尘遮蔽了光线，给植物带来致命的一击。

海洋中，巨大的海啸冲击着大陆海岸，整个海岸线满是肿胀的恐龙尸体，这些尸体横七竖八地挂在海岸边的树上。它们也为食腐动物提供了丰盛的大餐。经过最初的大火燃烧后，空气中弥漫着烟尘，地球陷入漫长的黑夜。乔木和灌木开始死去，以它们为食的动物也开始死亡，接着是以植食动物为食的肉食动物。白垩纪大灭绝杀死了所有的恐龙和许多哺乳动物，但并不是所有的哺乳动物都灭绝了。

在卡匹坦礁的顶部，我们俯视着下面的化石、岩石、悬崖和山谷，想象着 2.5 亿年前二叠纪鼎盛时的生命景象。当时距离卡匹坦礁西北 15

英里（24 公里）外的旱地正变得越来越干燥。昔日二叠纪之前茂盛的沼泽森林已被针叶林、种子蕨以及其他耐寒的植被类型所取代。巨大的类似香蒲的树木长到了 80 英尺（约 27 米）高。蜈蚣的十足近亲们在近岸水域游荡。

大约在 100 万年前，最早的脊椎动物才爬上了陆地。游荡在沼泽地的巨大两栖动物能长到 6 英尺（2 米）长、200 磅（约 91 公斤）重。它们用长满锋利牙齿的大嘴吞食猎物，它们像鳄鱼或短吻鳄一样把猎物一点点吞入深喉。这里还有会飞的蜥蜴和长着盔甲的大型食草动物。二叠纪海洋中还有许许多多的鲨鱼，其中最奇异的当属旋齿鲨，它们螺旋状的下颌上长着向后倾斜的牙齿，就像一把圆锯。远古的盘龙约 10 英尺（约 3 米）长，体表光滑，大部分陆地均有分布，它们的背部长着剑鱼一样的巨大的鳍，用来捕捉日光。

从麦克奇垂克峡谷的东墙上装饰的大量化石可以证实，二叠纪是一个生机勃勃的世界，但某些原因导致了这些动物中的绝大多数都灭绝了。

生命的第二次创造

卡匹坦礁就像拉什莫尔山的结构一样，装饰在麦克奇垂克峡谷上的瓜达卢佩山山顶，只是用来装饰的不是美国总统像，而是大灭绝之前兴盛的生命力量。然而，麦克奇垂克峡谷的岩石并没有显示出二叠纪结束的证据。

早些时候，我在麻省理工学院采访了山姆·鲍林，一个大胡子且平易近人的地质学教授，为了寻找证据，他还去了中国。鲍林给我看了一张他与一名中国研究者朱自力在中国煤山的合影，当时他们正站在一个采石场上。朱自力的脚踩着的一条深色的线代表着二叠纪的结束。这种颜色上的变化是由于岩石在地质学和化学上的巨大变化造成的，它是二叠纪和三叠纪在地质学上的分界线。在这里，一个纪元的生命被埋藏在地球的沉积层而不复存在，在它上面躺着另一个纪元的生命。照片中，鲍林站在三叠纪早期的灰层线上。它是世界上开展二叠纪和三叠纪分界线研究最好的地点之一。在这两位科学家所站位置下方的化石中，足足鉴定出 333 个物种。但在这条线之上，几乎所有的物种都消失了，灭绝率达到 94%。

约翰・菲利普斯，一名 19 世纪中期的英国地质学家，曾出版了首个全球地质年代表，他发现二叠纪 – 三叠纪边界两侧的化石差异很大，因此他指出鲍林所站着的地质层中那条线和两侧化石的差异代表着生命的第二次创造。他虽然没到过中国煤山亲眼看见那条线，但他在世界上其他类似的地层点也开展了类似的研究。

创造这条分界线的那场灾难，与人类正在遭受的温室效应、海洋酸化和全球变暖带来的破坏有相似之处。不，它不是天外飞来的巨大流星造成的，导致二叠纪灭绝的罪魁祸首是西伯利亚玄武岩。鲍林的最新发现表明这次灾难发生在约 2.52 亿年前。当时，黏稠的岩浆涌出地面，覆盖了陆地，填满了山谷和盆地，就像蜂蜜发现了一片面包上的裂缝。这次火山喷发出的岩浆总量是无法想象的，某些地区的岩浆达到了 6500 米厚，差不多有 4 英里。鲍林告诉我："最终岩浆覆盖了西伯利亚大多数地区，面积相当于美国大陆。"

尽管如此，导致这次大灭绝的原因并不止一个。就像其他灭绝事件一样，多个原因交织在一起制造了这场完美风暴。制造玄武岩的火山岩浆在一个巨大煤炭储备中心燃烧着，熔浆的热量把众多黑色岩石转化成 CO_2。但当温度继续上升时，其中一些煤炭转化成了甲烷，它是比 CO_2 还要强 20 倍的温室气体，这加速了气候变暖。

相比其他因素，CO_2 和甲烷的增加最终导致的极少在地球历史中出现的昆虫大灭绝。二叠纪结束时，它们的数量从二叠纪鼎盛时期的 60 个科降到几乎为 0。天空十分安静，因为鸟类还未进化出来。随着地球越来越干燥，曾在沼泽中十分丰富的煤炭和大量的植被消失了。整个森林和整个植物生态系统都灭亡了，除了真菌类，它们以死去的动植物为食而兴盛起来。

尽管白垩纪大灭绝中消灭恐龙的小行星制造了更好看的烟火表演和巨大的海啸，但在纯粹的原始杀伤力方面，二叠纪灭绝更胜一筹。它的猛毒在几十万年间摧残着大地。道格·欧文说西伯利亚玄武岩喷发引起的烟尘导致全球变冷，CO_2 导致全球变暖，汹涌的硫化云导致酸雨。同时极地冰融和洋流的减少导致海洋酸化和深海氧气的消失。这几个因素叠加，产生了一种致命的力量，这种力量远远超过白垩纪时期小行星坠落产生的破坏力。

过量的 CO_2 进入海洋导致海水的酸化，足以阻止动物外骨骼的形成，并破坏了二叠纪海洋中大部分制造礁石的有机体和大多数礁石。海水的酸性伴随着深海氧气的缺乏使海洋动植物遭受灭顶之灾。火山喷出的二氧化硫进入大气上层，以硫酸的形式漂移至远方，并产生致命的酸雨。欧文指出，这些酸雨杀死了众多陆地植物，并完全侵蚀了地球表面的众多地貌。科学家们已发现证据证明二叠纪灭绝后的多雨引发洪水肆虐，因为已经没有植物控制水流的冲刷。

洪水如热锅上的油横穿地球，四面八方肆虐开来，在岩石上留下了横七竖八的冲击沟作为记录。我曾经见证过快速流动的沙漠洪水把道路冲刷成几大块，好似切黄油一样，但沙漠中很少下雨。想象一下，在年降雨量达到 20、50、100 英寸（约 50、127、254 厘米）甚至更多却没有植被的热带或海岸环境中暴发洪水，洪水竞相全力冲击着没有植被的陆地，你就能了解二叠纪灭绝后大洪水究竟是怎样的。

尽管有证据支持多因素导致了二叠纪大灭绝，但某些科学家仍然坚持他们喜欢的相反理论，即单一因素导致大灭绝。安德鲁·诺尔，一名哈佛的古生物学家，认为许多大灾难的前因后果都可以归结为 CO_2 这种化学成分，它是当时最大的恶魔，也可能是我们最大的威胁。在 2007 年《地球与行星科学通讯》中的一篇文章中，诺尔和他的同事尝试研究这次灭绝事件之后所发生的事情，他们用计算机对这些牺牲者进行“尸检”，看这场大屠杀是否与氧气耗竭、食物链断裂和酸雨导致的典型情景吻合。

结果除 CO_2 之外，其他因素都不符合。他十分重视这种如今被忽视的气体，“之前仅有 30% 的动植物种类能耐受高浓度的 CO_2，但在二叠纪灭绝之后，在所有幸存的动物中 90% 的物种能耐受高浓度的 CO_2。”

对于这次灭绝的持续时间一直存在争议。麻省理工学院的山姆·鲍林预测的持续时间约为六万年。二叠纪灭绝之后，地层中首先出现的化石是一些类似鳗鱼的小动物。它们具有微小咀嚼器官。水龙兽化石标志着三叠纪复兴的开始，这是一种类似哺乳动物的爬行动物，看起来像长着长牙的斗牛犬，它从灭绝中存活了下来且数量激增。

二叠纪灭绝的讽刺性在于，尽管它给地球的大部分地区带来了毁灭性的灾难，但它在新的空白地区又给生命创造了机会。二叠纪大灭绝之后，生命的复苏带来了适应性更强的物种、生态系统的改变和比之前更加多样化的世界。如果我们在灭绝中存活下来，可能这些进步也会出现在我们的未来。

这个过程类似于达尔文在加拉帕戈斯群岛所见证的景象。他收集的 12 种雀形目鸟类，都是从大陆或其他岛屿的个体适应进化而来的。当它们到达加拉帕戈斯群岛后，由于缺乏采食种子的竞争者，它们的数量急剧增加。

二叠纪灭绝事件同样引发了新动植物的大爆发。生命不仅幸存下来，且最终兴盛起来。2.25 亿年前，第一只恐龙出现，但 6600 万年前，恐龙这一类群除了后来演化为鸟类算是留下血脉的那一支，都灭绝了。它们统治地球将近 1.6 亿年，持续时间远远超过人类的历史。

尽管结局是美好的，但从二叠纪灭绝到复兴花费了数百万年，这是一个漫长而煎熬的过程。

在这次行程的最后，吃过一顿简单的午餐之后，我们远望得克萨斯州西部和新墨西哥州东南部，在山脉顶峰享受着清凉的微风。随后赫斯特和我收拾好装备，沿着原路返回，再次欣赏着这片化石群，记录它们的各种变化，更好地了解它们。

赫斯特解释说，虽然生命作为一个整体最终在二叠纪灭绝后自我复苏了，但这里的化石中显示的二叠纪中期的动植物，几乎没有单个物种能越过二叠纪灭绝的边界。她说："生命仍在继续，生命有着难以置信的恢复力，但我在这里的工作却提醒我：生态系统和单个物种是非常非常脆弱的。"如果历史是我们的老师，尽管现在生态系统和单个物种正迅速地消失，我们这个纪元之后的生命也将具有同样的恢复力。

在回程的路上，我们从高处俯视着下面广袤的沙漠，反思我们自己的现状。我们站在一个过去的进化大灾难的证据中，看到了另一个正在发生的灾难：我们自己的灾难。某些科学家相信我们的现状起始于 18 世纪大不列颠工业革命，当时大气中的 CO_2 开始上升，这种变化映射着二叠纪的结局。但其他科学家们把 1800 年人口突破一亿作为我们陷入困境的开始。

还有其他人说我们陷入目前的生物多样性危机是从大约 1.5 万到 1.2 万年前最后一个冰川时代的末期开始的。当时曾经生活在南美和北美的大部分大型动物灭绝了。随着人类的到来，相似的情景也发生在澳大利亚、新西兰、欧洲和亚洲。

赫斯特洒了些水到化石上，洗掉上面的尘土，让它们暂时变得更清晰、更有生机。当然，诞生最初生命火花的进化过程比这要复杂得多。

第二章

最初的协同作用

位于纽约米尔布鲁克的卡里生态系统研究所断断续续下了一星期的雨，这是一个由哈德孙峡谷中部 2,000 英亩（约 8 平方公里）橡树、枫树和铁杉组成的保护区，研究所称之为“校园”。我有一些重大问题需要解答：生命是如何开始的？进化是如何进行的？氧气发挥了怎样的作用？自然界是否仍在进化？我开始在卡里寻求这些问题的答案。

星期天早上，浓雾从湿地中升起，随着太阳的照射缓慢穿越森林。威廉姆 · H. 施莱辛格，一名生物化学家，也是研究所的名誉所长，和他的妻子丽莎 · 戴尔沃在下雨间隙带着我穿过随处可见的森林和草地，开始我们的观鸟之旅。早餐前我们观察到 76 只鸟，共有 17 种。当我无法确定鸟的位置时，他们俩会极力向我描述那只鸟的模样和它在森林中的位置。丽莎称，观鸟可以培养相互间的合作与交流，但遗憾的是观鸟的这些意义在主管人员培训时却被忽视了。

从林中返回的路上，我与施莱辛格谈论到生命。施莱辛格是个高大且直率的男人，面带真诚的笑容，声音低沉而又清晰，满脑子都是化学公式。他认为化学常常被低估。他与杜克大学艾米丽 · S. 伯恩哈特合著了一本书，名为《生物地球化学：全球变化的分析》，这本书主要关注生物学、地质学和化学在地球发生改变时的作用。

施莱辛格告诉我："在地球通往生命的道路上，化学这味佐料要比人们认为的撒得更多。"

尽管我们的银河系已存在了137亿年，但太阳系仅有46亿年。施莱辛格说我们的太阳至少是一颗第二代恒星，是更早的超新星的后裔。这颗超新星是一个巨大的恒星，当它的核燃料耗尽后，产生塌陷，之后发生爆炸。爆炸产生了大量的尘埃和颗粒分散在宇宙中，这些宇宙残留物聚集形成了太阳和地球。紧接着在第一个十亿年间发生了一次巨大的流星雨袭击，这次袭击增加了地球质量，并产生了月球。流星撞击和物质的放射性衰退所产生的热量熔化了整个地球，较重的化学物质沉积在熔化的地核中，而较轻的元素则形成了半流质的地幔和浮在上面的地壳。

施莱辛格向我指出，生命的决定性成分之一是充足的水分。在卡里研究所，由于刚刚下过雨，我们跳着躲避脚下的水坑和头顶的树冠偶尔落下的雨水，与此同时施莱辛格给我们解释生命如何获得充足的水分。施莱辛格是一名优秀的演说家和老师，他能够一直滔滔不绝地讲下去，直到从你的眼神中知道你已经明白了为止。

他认为水可能来自形成地球的同一次物质爆炸中。地球的热量曾让落下的水以水蒸气的形式停留在大气中，直到地表温度降到212 ℉（100℃），也就是水的沸点温度。之后，水蒸气聚集，空中的水分落下，经过几百年后形成了海洋。

当时的太阳亮度比现在要低30%，但大气中的水蒸气和CO_2产生了温室效应，可以捕捉任何逃逸的红外线或热辐射，使它们重新返回地球表面，从而使地球变得越来越温暖。如果没有温室效应，现在的地球大部分将被冰雪覆盖，平均温度仅有0 ℉（–18℃）。

另一个较早来到地球的太空赠礼是碳，它是生命的关键元素。施莱辛格说："地球上所有生命的组成成分均含有碳。"碳与其他化学成分结合形成强的黏合力，这对于构建长的化学结构，如蛋白质、纤维素和DNA，十分重要。他说："如果让你全身脱水，剩下的物质中约50%是碳，根本上讲，我们就是在地球表面东奔西跑的碳袋子。"

我们是如何从碳分子变为生命的呢？它最早出现在哪里？这些问题并不容易回答。施莱辛格提到在某些星际尘埃和彗星冰层中发现有含碳的有机物，它们应该是在进入地球大气层后幸存下来，加入到这里已有的碳。尽管地球从彗星上得到的有机物质总量很少，但这些成分能够对生命起到催化剂的作用。

科学家和哲学家对生命起源的问题争论了千年，尽管大多数的解释都围绕着寓言或宗教。1929 年，英国生化学家 J.B.S. 霍尔丹和苏联科学家亚历山大·奥帕林各自提出观点认为：生命要素从一开始就存在于地球上，来自太阳的能量和某些未知的过程启动生命进程。20 世纪 50 年代，史丹利·米勒，芝加哥大学哈罗德·尤里实验室的一名博士生，在开展一项著名实验时获得了更详细的信息。他把氨气、甲烷和氢气（普遍被认为是早期大气和海洋的主要成分）混合在一个大的实验烧瓶里，让它处于某种电荷下来模拟闪电，之后定期分析样品。对米勒和尤里实验室来说，实验结果如中头彩：大约一周后，他在烧瓶中发现了简单的有机分子。生命能够在实验室里制造出来，他煮出了那锅恶名远扬的原生质汤。

米勒的配方用于仿效木星和某些外行星，但这些模型无法真实代表早期的地球，再逼真的模仿也无法达到这个目标。人们逐渐对像煮汤一样煮出生命的想法失去了热情。

但是如果不是“汤”创造生命，那是什么创造生命呢？科学家们转向海洋寻求答案。

20 世纪 70 年代初期找到了可能的解决办法，当时，科学家注意到在加拉帕戈斯群岛附近，沿着一条深海裂缝缕缕上升的暖流，而加拉帕戈斯群岛也正是达尔文进化论诞生的岛屿。1977 年，美国海军阿尔文号潜水器下潜到 7,000 英尺（2,100 米）去调查深海喷泉，发现了一个非常奇妙的地方，那里有巨大的蛤和蚌，还有 8 英尺（约 2.7 米）长的多毛虫。在这个深度，生命的丰富程度令人震惊，就像海洋物种的热带雨林。这里，无眼的虾和腹足类大口咀嚼着生长在含硫化合物上的细菌。这里为动植物提供能量的是这些水下喷泉而不是太阳，因为太阳光无法到达这个深度。

科学家们已经对这些海洋中的喷泉系统探索了两百多年，其中某些沿着太平洋、大西洋、印度洋的深海洋脊分布。在这些洋脊上，海床沿着下面满是滚烫岩浆的裂缝向外延伸，是地球上新大陆的诞生地。在这些地方，研究者发现巨大的深海烟囱，即著名的黑烟囱，有些与摩天大楼一样高，像打气一样，把汹涌的黑烟压进海里。当然，这不是真正的烟囱，而是沸腾的金属硫化物从下面的岩浆涌出，这些酸性混合物渗入水中时温度达到 350℃（662 ℉）。

这个奇异而可怕的地方是生命起源地吗？虽然沸腾的硫化物听起来一点都不像星期天的自助餐，但相对来说还是有一定优势的。海洋的深度能够庇护生命免遭几百万年以来一直攻击海平面和陆地的紫外线威胁。加利福尼亚帕萨迪纳美国航空航天局喷气推进实验室的迈克尔·拉塞尔认为这些混合物酸性太强难以融合，因此，他提出一个理论，即寻找另一类具有温和源头的喷泉作为生命起源更温和的解决方案。

他理论上的答案来源于新形成的地壳沿着海床缓慢移动，从而暴露出地幔中的岩石。拉塞尔的原动力来源不是超高温水里的酸性混合物，而是刚刚露出的岩石与海水在 210 ℉（100℃）这一相对较低温度下的反应。

海水使岩石膨胀，产生裂纹和裂缝，从而涌进更多的海水。这个过程以热量的形式释放能量，同时大量的氢气和氨气，形成另一种类型的热液喷泉，某些人称之为白烟囱，更确切地说是碱液喷口。与黑烟囱从单一出口喷出高温黑烟不同，白烟囱结构复杂，由迷宫似的小隔间组成，温暖的碱性水从小隔间流到周围寒冷的海水中。

生命可能来自距深海洋脊有一定距离的硫化海底热温泉。科学家认为，四十亿年前，生命可能来自温泉中的大量气泡，这些气泡均包含有丰富矿物质的溶液。

大约在 21 世纪初，亚特兰蒂斯号考察船和阿尔文号载人深潜器在距离大西洋中部洋脊约 9 英里（15 公里）的地方发现了这种类型的喷泉，人们称之为失落之城。这些喷口犹如华丽的建筑，有 200 英尺（60 米）高，就像无边无际的黑暗中点亮的火把。在这个深度，氧气可以与二氧化碳更自由地结合，形成有机分子。第一个生命不是单细胞，而是多个矿化细胞构成的石迷宫，它可以产生复杂的分子，包括形成蛋白质和最终的 DNA 分子，其能量来源于喷口流出的温暖液体。

当我们即将结束卡里观鸟之旅时，施莱辛格说这种理论是有意义的。但他还警告说，关于生命起源，他更偏向于较中性的解决方案。他解释说："生命能够耐受大范围的 pH 值，但是酸性太强（低 pH 值）很可能氧化有机物，而碱性太强则会分解细胞膜。"

氧气让美梦成真

大多数科学家都同意，在最初的几十亿年里，生命主要是微生物。但这些小生物承担着大多数遗传的重任。虽然我们对大型动物的体形和复杂的解剖结构感到惊奇，但这些生物都可能是由至于早期单细胞生物通过细胞生物学和遗传学的过程形成的。根据哈佛大学安迪·诺尔的说法，复杂的生命刚进化出来时，就已经具备了绝大部分 DNA。

为了让生命真正得以持续，产生更加进化的复杂生命形式，还需要氧气。250 亿年前，"生命"仍然以细菌的形态存在。它有了自身的基因架构，但因为存活在无氧环境中，所以依然很小。但是，随后某些无氧菌进化成为蓝藻菌或蓝绿藻，也就是在污水里经常见到被称为"绿藻"的东西。

这些家伙促进了光合作用——一种与它们的古代兄弟不同的代谢方式。光合作用利用太阳光、水和二氧化碳合成碳水化合物，并释放出氧气。最终，世界上的长颈鹿和篮球运动员才得以有机会生存下来！

在大约 5.7 亿至 5.3 亿年前的寒武纪生命大爆发时期，氧气对进化的爆发起到了十分关键的作用，这个时期的化石记录中突然出现了目前所知的绝大多数动物种群。当时，由于没有足够的氧气净化空气中的雾霾和尘埃，空气十分浑浊。由于没有充足的氧气，也没有臭氧，因此无法阻挡来自太阳的强烈的紫外线。在紫外线照射下，生命中的水被分解（H_2O），氢（H）由于很轻而逸散到太空中，紧接着轮到海洋中的水。如果没有氧结合氢，今天的世界就可能像火星一样，是一个干燥、充满尘埃、布满凹坑的星球，没有海洋、湖泊、江河、溪流，也没有生命。

地球上氧气通过光合作用越积越多，一旦氧气达到临界值时就会突然发生改变。如果你关注土壤中的古生物记录，会在其中一层看到无氧菌的痕迹：紧邻此层的是有氧菌的另一土层。氧气的出现尽管对大多数生命是有益的，但给地球上众多早期祖先带来的却是致命的破坏，它们更适应无氧环境。

氧气使地球变得适宜居住。大气中的氧会捕捉所有试图逃逸的氢，将它们转变成水和雨。现在，臭氧保护层的形成降低了紫外线的照射强度。所有动植物都依赖氧作为生命周期的一部分，除了生活在黑海浑浊而缺氧的深渊的微小线虫依靠深海喷泉生存的生物。

动物生命的开始还需等待四百万年，直到大气中的氧气开始向着今天的水平攀升。根据安德鲁·诺尔的说法，复杂的多细胞有机体和氧气首次出现在化石记录是在大约 5.8 亿至 5.6 亿年前的埃迪卡拉纪时期。当我在与他闲聊时，他说："氧气的增加推动地球向现态发展，但这个过程也不是一蹴而就的。"

生命直到 5.42 亿至 4.88 亿年前的寒武纪时期才达到鼎盛时期，呈现出多种多样的形式。

伯吉斯页岩，著名的寒武纪生命采石场，坐落在加拿大不列颠哥伦比亚省东边的落基山高处，在 1909 年被古生物学家、史密森学会前会长查尔斯·沃尔科特发现。它位于幽鹤国家公园内一个连接菲尔德山和瓦普塔山山脊的西边斜坡上约 8,000 英尺（约 2,667 米）高的地方，靠近旅游胜地班夫郡和路易斯湖。从沃尔科特采石场岩质斜坡上看到了大陆上最漂亮的景色之一，那里四周是茂密的针叶林，下面是美丽的翡翠湖以及远处白雪皑皑的加拿大落基山脉。沃尔科特的女儿海伦在 1912 年 3 月游历欧洲时写信给哥哥本杰明，信中她描述了欧洲的城堡、要塞、亚壁古道和古罗马高架渠，但她说道："比起这些，我更喜欢伯吉斯页岩。"

我们真正了解的寒武纪生命大爆发是从 5.3 亿年前开始的。从当时沃尔科特采石场的泥石流捕获到的大量的化石样本反映出寒武纪存在难以置信的动物多样性。对于古生物学家来说，只有当你考虑从这个地质时期开始的漫长岁月里，生命经历巨大的改变，却没有出现新的体形和新的类群加入到伯吉斯页岩所展示的生命集锦，你才会意识到这些发现的重要意义。

伯吉斯页岩是化石保存中的奇迹。斯蒂芬·杰伊·古尔德在其所著的《奇妙的生命：伯吉斯页岩和自然历史》一书中宣称，哺乳动物的进化"是一部由牙齿讲述的故事，因为其后代牙齿变化很小"。这就是说，如果没有牙齿，我们就不会如此了解我们的祖先。牙齿比其他一切事物都保存得更长久，是开展人类学研究的主要收藏品。

但是，在伯吉斯页岩采集到的化石中有没有发现身体的柔软部分（如胃）和其他肉质身体器官及附属物呢？你要非常幸运才能从古老的化石中获得这些样品。但在伯吉斯页岩中发现的 140 种左右的原始物种中，约 20% 只剩骨骼，其余则仍有软组织。这片捕获这些生物的土地仍清晰地展现出如同幽灵般的印象。这个难以置信的发现保存在一人高的页岩中，长度不足一个街区。根据古尔德的说法，"当今所有海洋中标本的结构多样性还不如一个小采石场"。

随着进化创造力的爆发，所有主要的体形突然都出现了。虽然某些科学家对原始生命表现出如此多样化仍心存疑虑，但理查德·李基争辩说有多达 70 种化石展现出生命不同的体形或类群。然而如今可能仅留下的 30 种左右的体形，其他体形至伯吉斯页岩形成以后逐渐退出进化的舞台。

史密森学会的查尔斯·沃尔科特是保持比较保守观点的学者之一。

他最初把在伯吉斯页岩中发现的所有生物作为现今已知的类群或体形的一部分进行分类。但在 20 世纪 60 年代末期，哈里·布莱克摩·惠廷顿，一名剑桥大学的古生物学家，从另一个角度去思考沃尔科特的发掘成果。和瓜达卢佩山国家公园的卡匹坦礁一样，这些过去曾经辉煌的生命残体被埋葬于山脉的顶峰，那里曾是它们栖息的远古海洋。这些海洋群落的定居者被泥石流所掩埋，它们的身体如幽灵般的平面照片一样保存在薄薄的页岩层中。

它们是一群奇异的生物，大多数很小，但又真的多样而奇特：欧巴宾海蝎拥有 5 只眼睛，长而灵活的躯干末端长有具抓握性的刺状物。阿米斯克毛颚虫像奇怪的海豹，长着响尾蛇的头。奇虾有水下翅膀，手臂像虾尾，可怕的嘴巴里面有一圈锋利的牙齿，能撕裂蝎子、蜘蛛和虾的身体。威瓦西虫的背上有两排凸起的棘状突起，就像一个随时弹起的捕熊陷阱。最后，还有同样重要的皮卡虫，一种一英寸半（约 3.81 厘米）长的蠕虫，它是人类的早期祖先。

伯吉斯页岩是寒武纪生命大爆发最好的例证，在那个时期，生命从简单、无太多变化的存在形式跃变成我们如今在地球上看到的自然界中具有最复杂形态的生物的祖先。寒武纪生命大爆发让查尔斯·达尔文感到困惑，因为它驳斥了他所提出的“进化是一个缓慢渐进的进程”的理论。在这里，生命非常突然地产生了巨大的飞跃。

寒武纪时期的发展景象是自然界最伟大的发明之一，大自然可能引燃了寒武纪生命大爆发，转变了所有生物的行为。它令被捕食者处于完全绝望的境地。捕食者能更好地发现食物并进行捕食。这导致了壳体的进化和甲壳类动物坚硬的外骨骼出现，使被捕食者有机会存活下来。因为这些坚硬的外壳能长期保存下来，从而增加这些生物以化石的形式保存在岩石中的可能性。

运动是自然界的另一项伟大发明，但是在 2.5 亿年前，二叠纪灭绝事件之后，才明显体现出具有这些可动装置的重要性。在二叠纪时期的海洋，生物大部分固着生活在海底。腕足类动物、海百合和甲壳类动物从水中滤食，这是一种闲散但也贫乏的谋生之道。但在二叠纪灭绝事件后，能运动的生物统治了动物界。这种新的技能使生物能够缓和环境突然变化的影响，从而得以发展下去。

但另一个重要的方面是运动导致了复杂性。二叠纪之后，自然界更加多样化。许多物种开始联合起来，相互依存共同发展，而不是一部分物种统治地球，其余物种只能勉强维持生计。在化石记录中共同生活在一起的物种数量急剧增多，为我们如今所生活的世界奠定了基础。

非洲之旅

自从寒武纪生命大爆发后，动物变得越来越大，越来越复杂。为弄清楚进化的进程，我参观了非洲坦桑尼亚的恩戈罗恩戈罗保护区。人类已经毁灭了地球上大部分地区的大型动物的种群。但在非洲，人和动物同时进化，野生动物逐渐适应，并与人类保持距离。地球上仅有非洲仍存在如此多的大型动物，尽管它们在这里同样受到人类贪婪的影响。然而，进化正在帮助某些动物通过脱落獠牙和角以适应人类的生活。

为了直接看到这种景象，夏季的某一天，我和约瑟夫·梅森，一名爱笑且强壮的坦桑尼亚人，一起旅行。他驾驶着他的丰田陆地巡洋舰在崎岖不平的非洲道路上飞奔，一直开进了恩戈罗恩戈罗火山口，一个古代火山的遗迹。这里曾经充满了火山岩浆，但现在到处都是野生动物。和我一起坐在车里的还有印第安纳大学教授尼古拉斯·托特、凯西·希克和詹姆斯·布罗菲，他们正要去奥杜瓦伊峡谷旅行。车上装满了几星期要用的工具和私人物品，还有一个折叠车顶能让我们在观赏风景和拍摄沿途的野生动物的同时避免被野生动物吃掉。

太阳把正午时的热带云都蒸发到空中的时候，我们渐渐接近了覆盖在东部裂谷火山口高地上的绿色丛林。午后不久，我们到达了恩戈罗恩戈罗火山口边缘的顶峰，并向下走到了这个古老的大锅中。恩戈罗恩戈罗火山口于 1979 年被列为联合国教科文组织世界遗产地。当我们第一眼看到火山口时，它好像很空旷，下面有一些小灰点——可能是岩石——但并没看到多少野生动物。

当我们沿着大锅内壁蜿蜒而下时，这些小灰点变得越来越壮观。首先映入眼帘的是一群南非水牛。大多数水牛并不理会游览车，它们呈小群移动，尽情享受着覆盖在火山口的热带草原。一只水牛站在原地，瞪着我们的卡车，它好像不太友好，有些烦躁不安。梅森说水牛是非洲最危险的野生动物之一，部分是因为它们的数量太多，还有部分是因为人们不怎么理会它。我只能分批统计它们的数量，每群约由 50 只水牛组成。在我们的视野里至少有 20 多群，可能总共有 1,000 只。

我们看到了一对犀牛，它们与我们保持大约 200 码（约 183 米）的距离。那个下午，我们看到了大约 150 只斑马、2,000 只牛羚、1,000 只水牛、几只大鸨（一种大型陆栖鸟类）、黑冠鹤、黑斑羚、6 只鬣狗、8 只豺、1 只非洲狮、1 只猎豹和 8 只长颈鹿。

但那天最令人惊喜的是，我们在恩戈罗恩戈罗火山口看到了 3 只大象，正穿过一个由几百只斑马组成的斑马群。一只大象没了长牙，另一只好像长牙断了，没有一只大象还拥有典型非洲照片中那样一对闪耀的象牙了。这是进化的作用，大象的长牙是一座金矿，携带它们就意味着危险。

尽管政府威胁一旦发现盗猎者就立刻射杀，但盗猎者依然在铤而走险。与世界上的其他地方相似，非洲也正在失去它的动物。严格的国家法律、国际社会的支持和旅游收入都无法彻底保护这些雄伟的动物免遭非法捕猎。刚果政府最近指责乌干达军队从直升机上射杀了 21 只大象，并盗走了价值超过两百万美元的象牙。

20 世纪 70 年代，世界上 10% 至 20% 的大象被猎杀。按照这个速度，大象很快濒临灭绝，但国际社会的压力和大象本身的进化，使大象获得了喘息的机会。盗猎使拥有长牙的动物面临进化的压力，而此时大象的长牙开始迅速地消失。对大象而言，拥有闪耀的长牙代价太大了。

进化选择既影响雄象，同时也影响雌象。安德鲁·多布森，一位普林斯顿的生态学家，在非洲的 5 个野生动物保护区追踪雌象无长牙化的进化。在其中一个公园里，大象相对安全，雌象出现无长牙的情况很少，只占几个百分比。但在另一个公园的情况却大不相同，那里曾遭受严重盗猎。在 5~10 岁的雌象中约 10% 的雌象没有长牙，30~35 岁的雌象中没有长牙的比例约为 50%。

研究者在雄象身上也记录到相似的结果。很显然，自然界同样允许雄象放弃长牙。雄象通常利用长牙相互争斗来争取雌象。一头没有长牙的雄象就像一名失去长矛的武士。然而，由于狩猎的现状，无长牙的雄象拥有更好的生存机会。因此，和雌象一样，自然界现在选择了没有长牙的雄象。

对人类的适应是当前野生动物最大的进化挑战。恩戈罗恩戈罗火山口里的动物，包括那些坐在狩猎车里的人，都是我们共同祖先皮卡虫的后代。然而我们现在却陷入了杀戮战争。

非洲禁猎区的生物多样性就在眼前，但是人们想知道它是如何开始的，还能持续多长时间。

第三章

理论基础

大多数的科学家都认为大陆缓慢地横向移动，它们在地球表面的相互连接和分离强烈影响着地球上现存的大部分植物和动物的多样性。在二叠纪时期，所有的大陆连接在一起形成巨大的陆地，一个超级大陆。但灭绝事件后，超级大陆(盘古大陆)开始分裂，就像碎了的餐盘，一片片散落在各个海洋。陆地的分离导致植物和动物物种的分离。重新分离的物种无法进行相互之间的基因交换，并随着时间的推移，隔离种群相互独立进化，形成独立的物种。

这个进化历程最初发现于 1835 年 9 月 17 日，当时达尔文与贝格尔号船上的船员航行至太平洋中部的黑火山岩堆，圣克里斯托瓦尔火山，开始著名的加拉帕戈斯群岛探险。在远处看去这个岛屿十分荒凉，但登上岛屿后，达尔文发现岛上遍布长着树叶、花和果实的植物，果实中还包裹着种子。达尔文的南美洲探险之旅已持续了四年，现在正穿越太平洋，踏上返回英格兰的漫漫归程。船员们希望能在圣克里斯托瓦尔火山捕捉到一只乌龟来制作美味的靓汤，但那里根本没有乌龟。

他在岛上却发现了众多鸟类，它们在这里不受人类的干扰，自由地在草丛中搜寻种子。事实上，它们对人类一无所知。一名船员甚至能够用帽子捕捉到一只鸟。达尔文拾起一只蜥蜴反复地扔进水里，但每次蜥蜴总向他直接游过来。他猛地拉住另一个正在挖洞的蜥蜴的尾巴，它转过身来，看着他，仿佛在说："为什么拉我的尾巴？"

贝格尔号船在加拉帕戈斯群岛停靠了五个星期，在此期间，达尔文收集了大量的植物和动物，尤其是许多鸟类。他当时认为采集的鸟类是乌鸦、鹪和莺。然而当他把这些鸟类带回到伦敦时，一名鸟类学家告诉他，虽然这些鸟看上去并不相同，但它们都是雀类。另外，达尔文将采集到的鸟类标本按类型分装在包里而没有按岛屿位置分开放置，他后来才发现这点十分重要。他曾经假设这些鸟类与他在南美看到鸟类属于相同的种类。

他确实注意到他在第二个岛屿上捕获的蓝嘲鸫似乎与第一个岛屿捕捉到的种类不一样，因此他开始标记它们。岛上的副主管曾告诉达尔文，他能够区分某个岛屿上的乌龟与另一个岛上的乌龟的差别，达尔文最初并没有在意他的说法。达尔文未曾设想这些动物会起源自几只飞越太平洋的动物，它们在近在咫尺的若干岛屿上分化为不同的物种，达尔文与当时的许多科学家一样，认为这些动物都是相同的。颜色与形态的差异表明品种不同，而非物种各异。

根据德裔美籍生物学家恩斯特·迈尔对于物种的定义，是"由可相互杂交的自然种群组成的与其他同类群存在生殖隔离的群组"。这个定义似乎并不符合达尔文所采集的野生动物样品。这些岛屿相互很接近，肉眼就能看到。物种很难在如此近的距离独立进化。但事实确实如此。

当达尔文返回英格兰后，他把所有鸟类的皮肤和其他的收获送到了伦敦动物学会，而鸟类学家约翰·古尔德则开始用新的眼光审视它们。在接下来的学会会议上，古尔德激动地宣布达尔文发现一个新的群体"地雀"。第二天，《每日先驱报》对此次会议进行了报道，指出在 14 种地雀中"有 11 种是还未发现的新的种类"。这一发现代表达尔文《物种起源》一书中的进化学说发展的一个重要时刻，虽然这本书在 23 年后才出版。

这些达尔文在南美洲收集的化石也十分特别。其中有一个巨大的骆驼、巨型犰狳和如犀牛般大的啮齿类动物。达尔文写道，无论在哪里，当人们追随生命的脚步穿越大陆或回溯时光，“物种正在逐渐地改变”。他开始意识到新的物种是如何演变的，但当时他并不知道大陆漂移在进化过程中发挥了如此重要的作用。

在乘坐贝格尔号航行时，达尔文随身带着查尔斯·莱尔写的《地质学原理》。虽然达尔文在剑桥大学的教授曾告诫他要对书中的观点持怀疑态度，但达尔文还是乐意接受莱尔关于地球改变的观点。南美洲的探险之旅曾让达尔文亲眼看见这种变化。他俩仍然认为大陆是上下运动而不是横向移动的。

然而达尔文此时仍不知道地球表面陆地的纵向和横向移动对于进化来说如此重要。

地质学引路

19 世纪中期是生物学以及地质学思想巨变的时期。大英帝国正处于鼎盛时期，早期最著名的地质调查数据就来自这个时期。工业革命早已带着它对大量需求铁、煤、石油和其他矿物质的无底贪欲而来，因此地质学家成为当时的名人。他们通过发现工业资源谋求生存，由于遵循着探索精神，这些地质学家敢于解决更多的理论问题，例如这些资源是如何形成的。

伦敦皇家矿业学院的成员威廉·布兰福德和亨利·布兰福德兄弟获得资助去印度开展首次地质调查，他们被派到奥里萨邦的塔尔切尔煤田。布兰福德的团队开始挖掘，于 1856 年发现在这个巨大煤炭床下面是镶嵌在细泥岩中的另一类型的大岩石，并存在冰川的迹象。这些岩石都有冰川刨蚀的标记，如磨损、划痕和石头被冰抛光的痕迹。此外，其中一些岩石被移动了很远的距离，这是冰川运动的另一个迹象。

这表明塔尔切尔在成为印度最大的煤炭储量地之前，主要是热气腾腾的热带沼泽，这里曾经是巨大冰原的一部分。布兰福德的团队返回加尔各答，并给他们的资助者汇报说印度曾经被冰川所覆盖。然而这在地质学界引出重要的问题。热带是如何形成冰川的？印度曾经离两级更近吗？大陆移动了吗？

大陆漂移的进一步证据来源于 1912 年，当时是由英国上尉罗伯特·斯科特领导的一次艰苦的南极探险之旅，他们不得不应对暴风雪和零下 23 摄氏度的低温。虽然他和他的队员完成了这次探险，在南极度过了 33 天，但还是输给了挪威人。挪威探险队队长，罗尔德·阿蒙森，在南极留下了一面挪威的黑色标记国旗和一本记录给英国。斯科特团队代表国家输了这次比赛，他感到非常不安，在他的日记中写道："极地。是的，与我们预期完全不同的环境。上帝啊！这是一个可怕的地方。"人们曾经尝试找回斯科特和大部分队员的尸体，但他们搜寻了几乎所有可到达的范围都无功而返。

斯科特的副指挥，爱德华·埃文斯，虽然幸存了下来，但当他返回新西兰时写了一封信，批评他们的领队没有丢弃所有的记录和沉重的标本，这些标本都是在这次危险的旅程中采集的。斯科特和他的队员爱德华·威尔逊、亨利·鲍尔斯冻伤在帐篷里，而在他们的帐篷以南 12.7 英里（20 公里）的地方就是仓库，这个仓库建在罗斯冰架上，贮存着他们的食品和物资。斯科特的尸体被发现在煤炭和化石岩旁，他显然认为这些岩石比自己的生命更神圣。这些样本包括首次发现的舌羊齿，一种种子蕨植物，已经在 200 万年前灭绝了。科学家们推测，由于这样的树曾存活于此，南极的气候或曾比斯科特发现的那个冰雪世界温暖得多。或者另外一种可能是南极所处的大陆曾经位于热带地区。

阿尔弗雷德·魏格纳，一名德国地质物理学家，在 1915 年出版了《大陆和海洋的起源》，书中首次描述了地球大陆的横向运动，并收集证据支持他的说法。魏格纳指出，非洲和南美洲大陆能很好地拼合在一起，且有报告表明两个大陆毗邻的海岸线的化石十分相似。科学家此前曾认为两个大陆间通过大陆桥连接。但魏格纳反对这种观点，他认为两个大陆已经移动了。他指出印度、南极地区和澳大利亚看上去能够拼合在一起，并认为它们曾经组成过一个超级大陆，他称之为盘古大陆。这个名词也是在他的书中首次提出的。魏格纳认为当今世界是这超级大陆的分散残片，而破裂开始于 2.5 亿年前。

大陆漂移，或者板块构造地质学中更进化的概念，一直被科学家认为是进化的驱动工具，而新物种的形成常常超过一百年的时间。在盘古大陆时期，所有主要陆地都聚在一起，土地的合并整合了生命，最终形成较少的种类。但随着盘古大陆开始分离，随后形成的隔离被证实是物种最好的孵化器，它创造了更多的植物和动物种类。

岛屿生物地理学

然而还存在其他途径形成新的物种。19 世纪中叶，阿尔弗雷德·拉塞尔·华莱士游遍了亚马孙和东南亚地区，而他的观点常被认为与进化理论相混淆。他通过研究数百种动物的分布试图确定它们为什么会在那里被发现。河流和山脉经常标志着物种分布区的边界，他认为这一点意义重大。许多科学家相信气候决定一个物种的分布范围，但华莱士发现相似气候区里分布着差异很大的物种，并宣称地理对物种分布的影响更大。

由华莱士和其他人提出的岛屿生物地理学理论初时作为一种对当前海洋或湖泊岛屿物种丰富度的解释，后来逐渐用来解释内陆岛屿的物种丰富度。20 世纪末，科学家对岛屿的定义进行了修正，包括了其他孤立的栖息地，如被沙漠环绕的山脉，被陆地所包围的湖泊，被人工改造的景观所包围的自然栖息地。如今，科学家进一步修正这一概念，用它来解释被不同的生态系统所包围的任何生态系统。这可能是一个四面环水的岛屿，或沙漠中的泉水，或被低地包围的山峰，或是被人类住所包围的草地。

这不是一个简单的概念。被视作一种生物的岛屿不一定是另一种生物的岛屿：某些生物分布在山顶，也有可能分布在山谷，它们能同时适应两个海拔高度。但其他生物从生态学的角度看只能适应山顶的环境，山谷就像峡谷一样成为一道无法逾越的鸿沟。这可能依赖于动物是不是泛化者，适合生活在许多各种不同的环境，或是特化者，适合生活在更特化的生态位。山脉中形成的隔离环境能够从整体上增加物种的多样性。

安第斯山脉的岛屿

关于被陆地包围的岛屿，一个典型例子就是比尔卡班巴的山地，处于我和保护国际基金会的生物学家共同开展调查的安第斯山脉中。幽深的河谷环绕着山顶，就像海洋的孤岛。云雾环绕的森林中生活着许多独特的物种，包括一些尚未被科学家证实的物种。比尔卡班巴就是一座自然多样性的圣地，因为它所展现出了生命的各种可能性。

秘鲁军用直升机将我们的队伍送达比尔卡班巴的潮湿且云雾环绕的森林。有一天，我与康奈尔鸟类学实验室的鸟类学家汤姆·舒伦贝格在黎明前出发调查这些地区的鸟类。我们绕着营地附近森林中部的沼泽地搜寻长有羽毛的动物，时刻注意避免陷入泥沼中能没过大腿的水洞。舒伦贝格在森林的边缘用望远镜和麦克风搜寻鸟类和它们的叫声，他声称他所听到的鸟类数量是他能看到鸟类数量的 4 倍。虽然这里的海拔对于鹦鹉和犀鸟来说太高了，但鸟类学家的秘鲁助手劳伦斯·洛佩斯却捕捉到一只绒顶唐纳雀，一只阿氏针尾雀和一只黄领彩裸鼻雀。当他从上衣口袋中拿出这些鸟儿时说道：“看看多美丽啊！”随后就把这些鸟儿都放了。

到了晚上，我跟随一名在秘鲁首都利马保护国际办公室工作的生物学家莫尼卡·罗莫来到森林边缘立网捕获蝙蝠。通过收集到的蝙蝠粪便，她估计森林中 50% 的植物种子是依靠蝙蝠来传播的。第二天，我又跟随罗莫沿着用弯刀新开辟的山径下去布置哺乳动物陷阱。

罗莫不仅了解所有这些动物，而且喜欢吃甜食。每当用营地里的花生酱作为诱饵捕捉这些小动物时，她都羡慕这些动物。她说："我希望它们能知恩图报。"由于担心会碰到矛头蝮，一种南美洲最强且最具攻击力的毒蛇之一，我把陷阱放置在开阔地，而罗莫则把陷阱设置在每一个黑暗的角落。他们收集了 40 种哺乳动物，包括此前从未描述过的一种非常大的啮齿动物。

几天后，我陪同加拿大植物学家布拉德·博伊尔开展植物调查，他专门从事热带植物的研究。在秘鲁同行的帮助下，他在森林设置了一条 165 英尺（50 米）长的样线，开始采集样线两侧的植物标本。他向上指着长在树枝上的兰科植物、凤梨科植物、苔藓植物和蕨类植物，并对我说这里的树冠从上分布的种类比北方大部分森林树冠上分布的种类还要多。

他告诉我想要发现一个新的物种是多么困难。它不像是"上帝啊！我们刚刚发现了一个新的物种"，而更像是"我们刚翻遍整个标本室去找看上去相似的植物，但没见到半个跟它相似的东西"。一个新物种的发布需要完成大量的工作。尽管如此，他拿起一株极小的兰科植物对我说："我愿以一箱啤酒为赌注，此前它从来没有被描述过。"

雨水冲刷比尔卡班巴四周的河谷，使其成为一个真正的岛屿，但并不是所有的土地都如此容易分离。地球的熔核产生了巨大的力量打碎盘古大陆，并将破碎的大陆分散开来。但现在，随着公共交通的发展，人类对这个来之不易的分离造成了极大的破坏。与此同时，随着船、火车、汽车和飞机遍布世界各地，隐藏在船底、后备厢和贮藏设备的哺乳动物、昆虫、爬行动物和甲壳类动物也随着这些交通过程到达世界各地。这严重破坏了用于创造这些物种的隔离，这些物种的输入将给本地的动物带来毁灭性的影响。

在美国，愈发泛滥的物种入侵中有些已经是"故意的"——如果不把这叫作"荒诞之极的"。1890 年，一名莎士比亚的疯狂崇拜者尤金·席费林决定将莎士比亚戏剧中提到的所有鸟类引进美国。席费林在纽约的中央公园一天内释放了 60 只八哥。此后，美国迄今为止生活着 2 亿只八哥。

这些八哥，还有麻雀和鸽子，成为美国人大部分时间在城市环境中看到的大多数鸟类。然而，这些鸟都不是原产于美国。我们将这些外来的植物和动物称为“入侵物种”，这些物种与真正的本地物种，如东部蓝鸲和北美洲紫燕，争夺食物。由于本地鸟类往往向南迁徙过冬，而入侵物种则留在当地，当本地鸟类返回时，几乎没有它们可用于筑巢的空间了。这全是由于某些充满责任感的市民认为如果城市里随处可见诗人笔下的鸟类，新世界才会变得更加文明。

外来入侵植物通常会在它们原生的栖息地之外蓬勃发展，因为在原生的栖息地中，它们的生存受到昆虫、疾病、动物的限制，而在新的栖息地中并不存在这些因素。

入侵物种的扩散也取决于本地动物应对“新移民者”的能力。棕树蛇在二战后从所罗门群岛引入关岛时，它们不受任何约束。科学家推测，这种蛇可能是躲在飞往关岛的飞机的轮舱里进入关岛的，因为关岛有一个正在使用的空军基地。过去六十年里，棕树蛇扩散至岛上的丛林，由于本地物种缺乏相应的防御对策，导致众多本地物种灭绝和数量急剧下降。生物学家最近试图通过向丛林中空投死老鼠来控制蛇的数量，这些老鼠体内注射了约 80mg 对乙酰氨基酚，其等同于一个孩子的用药剂量，这个剂量足以杀死一只成年棕树蛇。但最终的结果仍未确认。

同样，过去的几十年里合法和非法的动物贸易将缅甸巨蟒带入了佛罗里达州。宠物的主人发现这些蛇要么需要太多的空间，要么试图吞下家里的狗，他们决定把这些巨蟒放生到当地公园和国家公园。自 2002 年以来，人们从佛罗里达州大沼泽地国家公园和周边地区清除了超过 1,800 只蟒蛇。现在，美国鱼类和野生动物管理局报告称北非和南非蟒蛇、网纹蟒、王蟒以及四种水蟒也出现在大沼泽地国家公园。生物学家相信目前数以万计的蟒蛇生活在公园里。

入侵物种可能来自远方，也可能是土生土长，一旦适宜条件出现，它们就会入侵本属于其他物种的空间。由于过度放牧、火灾扑救和气候变化，原生木本灌木和乔木入侵至美国、南美、非洲、澳大利亚的半干旱草原。

当控制放牧后，草原逐渐恢复起来，并成为自然或人为火灾的火种，这些火灾刺激更多草的生长，却抑制了木本灌木的生长。控制抑制草生长的木本灌木对于生活在干旱和半干旱地区的牧民来说至关重要，这些牧民占据了地球人口的35%。他们必须在牛、绵羊和山羊觅食的草地和是否需要引火控制木本植被之间做权衡。

在一个温暖的午后，我跟随斯坦福大学环境地球系统科学的教授罗布·杰克逊沿着长长的阶梯下到鲍威尔洞的地下洞穴，这个洞穴位于得克萨斯州奥斯丁西部约150英里(240公里)。我们的目的是了解灌木如何在竞争中战胜草。我们在得克萨斯州爱德华兹平原的多孔石灰岩岩床上，看到各种各样的钟乳石和石笋。我紧跟着杰克逊穿过迷宫似的洞穴和狭窄的空间，进入一个满是耀眼的五彩缤纷的石灰岩结构的空间，它们都是自然雕琢而成的。我们到达一个离地面60英尺(18米)深的地方，在这里一条地下河从岩石中涌出。

就像英国地质学家到地下寻找冰川的证据一样，杰克逊进入地下深处试图解释研究爱德华兹平原的本地杜松如何入侵草原并替代它们。他给我看了几个粗大的树根，这些树根明显穿透了石灰岩岩壁向下直达溪流，并吸收溪流的水。他向我解释说："旱灾时，单一的主根能提供三分之一或更多的水分。"

桧树的根系能达到足够深的地方，使它们在干旱的时候通过较深的树根吸收水分，而在下雨时通过较浅的树根吸收水分。这使它们比草更有优势，因为无论在什么气候条件下草只能通过它们的浅根吸取水分。

在美国，像桧树一样的木本灌木和乔木已经入侵至干旱和半干旱草原和热带草原。它们的存在限制了土地管理者、牧场主和野生动物可利用的草地。研究表明，茂盛的灌木和乔木能够掠走三分之一到三分之二的溪水。

桧树、豆科灌木、木榴树和中国乌桕在美国的不同地区，特别是南部地区的大平原和西南部地区的墨西哥湾，都属于难以处理的植物。这些植物之前已存在，但过度放牧、扑火和气候变化引起了这些植物种群的爆发。它们数量的增加形成了灌木丛，从而阻止其他植物和草获得足够的光照或空间。“灌丛化”是史蒂夫·阿切提出的，他是美国图森城亚利桑那大学自然资源学院的教授，我和他在得克萨斯州奥斯丁举办的美国生态学会研讨会上有过一面之缘。阿切主要研究牧场生态、管理和恢复，而牧场分布有大面积的本地植物，这些植物为以植物为食的驯养或野生动物提供食物。

19 世纪末期，美国西部引进了大量的牧群，它们给草原造成了毁灭性的破坏。这减少了草原火灾的燃料，进而促进木本植物得到更好的生长。在更早些时候，印第安人定期焚烧长满草的草甸来清理灌木和乔木，使草地变得开阔利于他们狩猎。如今，火灾扑灭已成为促进桧树入侵的问题之一。没有草原火灾，木本植物得以快速扩张。

但这个问题不是最近才出现的。这个问题可以追溯到 1.5 万年前冰河时期的猎人，他们清除了北美草原曾经以木本植物为食的大型动物。在东非，仍然有大象可以控制木本植物的数量，它们是这些木本植物的天然采食者。但在美国，已经没有野生动物种群能够完成这项工作，导致木本植物毫无限制地生长。

美国的木本植物对于牧场主、农民和野生动物来说是不利的。作为得克萨斯州的濒危物种，黑冠绿鹃和金颊黑背林莺需要生活在森林和开阔草地混合的景观中才能繁衍。木本植物抑制草的生长和缩小野生动物所需要的开阔空间。

木本植物问题的另一个例子是美国俄克拉荷马州波哈斯卡附近的普列利高草保护区，这里是北美最大的普列利高草保护区。普列利高草曾经广泛分布于中西部地区，供养着大量的水牛群。虽然保护区内仍有水牛分布，但数量很少。私人牧场建在保护区周围，牧场的土地管理者发现，如果他们每年不焚烧草地，木本植被将形成林冠，从而能够免于未来火灾。

同样在新墨西哥州，木本植物正在入侵裸露的山顶环境。大角羊通常聚集在这里，因为它们能及时发现美洲狮并快速逃逸。当木本植被入侵这些原本光秃秃的区域后，美洲狮的狩猎有了掩护，最终使某些地区的大角羊种群受到严重威胁。

杰克逊说："气候变化，如大气中二氧化碳的增加，和地面变化，如火灾扑灭和放牧，加快了全球植被向木质物种转变。这个问题不只是在得克萨斯州出现，还出现在南美洲、非洲和亚洲。"气候变化的原因和影响是杰克逊在眼下开展工作希望解决的另一个问题。他目前正在关注与天然气相关的问题。天然气曾经被认为是解决某些温室效应问题的理想方案，因为它燃料起来更清洁。虽然与煤炭或石油相比天然气比是一种更清洁的燃料，但杰克逊关注的是在运输过程中发生的泄漏问题。地下液压可能导致天然气从抽取面向地表水泄漏，而旧的管道可能导致天然气从输出端向城市土壤泄漏。

杰克逊和波士顿大学教授内森·菲利普斯发现在波士顿的地下管道中发生了超过 3,300 次的天然气（甲烷）泄漏，这里曾经记录到一次天然气炸毁房屋，井盖冲向空中，杀死树木。

然而，尽管人们更关注温室气体，但杰克逊认为，入侵物种在全球范围的扩散更持久，可能对我们的环境造成更严重的威胁。我们能够在一千年至一万年里扭转气候的变化，但物种入侵与世界性的物种交流所引发的灾难我们难以挽回。

第四章

人类向另一个物种进化

一般人认为人与大自然的大部分冲突的根源在于人类，但事实并非完全如此。人类曾经是怎样与陆地及动物共存的？带着这种疑问，我们对奥杜威峡谷进行了考察。奥杜威峡谷是非洲大裂谷的一部分，位于坦桑尼亚和肯尼亚交界处。这是一个让很多人明白人类是如何发展智力、学会交谈、最终遍布全球以及近年来发生人口爆炸的地方。关于人类未来物种这种想法在很多人看来似乎不切实际，但在奥杜威峡谷及其附近，人们发现了与智人不同的另外三个人种，即鲍氏傍人、能人和直立人的相关证据。他们的存在不仅表明了人类如何到达这里，同时也表明了在这个世界上终究不可能只存在一个人种。

巨大的岩浆柱抬升陆地，将奥杜威峡谷的海拔高度提升至 4,000 英尺（约 1,219 米）。尽管靠近赤道，但峡谷的气候温和。在六月下旬，气温从白天的 70 ℉（21℃）下降到晚上的 50~60 ℉（约 10~16℃），即使到了旱季，这里仍然是这种典型的气候。

在我抵达之后的早晨，太阳穿透覆盖在干旱大陆的低矮灌木、多刺乔木和热带草原。这里的大部分植物与大型动物及早期的人类共同进化，它们挥舞着尖锐的长针或长刺使采食者望而生畏。我与一群人类学家、地质学家和古生物学家相聚在一个由加州大学伯克利分校组织的野外营地。我离开我的半圆拱屋，路过曾在此开展研究的、著名人类学家路易斯和玛丽·里奇夫妇的营地。

这里驻扎着来自各种国际机构的野外营地。在20世纪30年代，里奇家族在奥杜威峡谷发现不同种类的原始人而使峡谷闻名于世。大部分人之所以关注这个峡谷是因为他们希望能发现相似的化石和随之而来的名望。

在我们的营地，我和来自全球的科学家一起迎接早晨的太阳并开始一天的工作。我们的营地里有许多由波纹金属搭建而成的建筑物和帐篷，这是约20名人类学家和古生物学家以及马赛部落助手居住的营地。我们享受完一顿丰盛的早餐，有小米、麦片粥、鸡蛋、新鲜烘焙的面包、各种水果和大量咖啡，随后我们钻进六辆狩猎车开始出发。

加州大学伯克利分校的古生物学教授莱斯李·鲁斯科驾驶着我们的狩猎车，后面的拖车还搭乘着其他几位科学家。当我们经过西班牙科学家的野外研究基地时，他们向我们的车子挥手。西班牙人显得非常友好，但鲁斯科却对我说，虽然显得友好，但各团体间其实充满了竞争的热情。每个人都想与众不同，但由于此地历史上种种历史性的发现，聚光灯下很难找到什么空位了。

鲁斯科是奥杜威古脊椎动物研究项目的主任，该项目旨在建立一个在线的化石数据库，以便科学家能够随时访问过去开展的项目以及化石贮存在哪里。鲁斯科说："我们希望建立起可供每个人利用的数据库，并让他们知道化石贮存在哪里，无论他们是在伦敦博物馆还是在佛罗里达的某个地下室里。"

鲁斯科还试图利用独特的逆向分析方法鉴定出化石的遗传基因。她过去开展的部分工作就是针对一群美国的狒狒，通过开展牙齿的研究鉴定出与牙齿的位置、大小、珐琅质以及牙齿表面相关的基因。鲁斯科希望能研究这里的化石，然后确定狒狒牙齿的基因，包括身体其他部位的互补性特征，这些部位的基因可能已经被激活。鲁斯科指出："仅仅通过牙齿或部分下腭，我们就了解了有关原始人和早期灵长类的大量信息，特别是当你进一步追根溯源的时候。”

该项目还对这一生态系统中的动物对曾经与其共处的原始人所产生的影响感兴趣。奥杜威峡谷曾经是一个动物与人互相影响、和平共处的地区。我们注意到这个地区至今仍存在着部分平衡关系，因为这一地区四周都是国家公园。

我们继续沿着峡谷边的山脊继续前进，直至来到一处高原。我们停好车子，车上的人都做好准备，开始工作。当人们眺望峡谷的时候，就能看到峡谷两侧的地层。我们非常幸运能够发现这些层次分明的地层。鲁斯科说，通过土壤的地层学分析有可能确定化石的年代。一群科学家和马赛人助手分散在峡谷一侧的斜坡上。当我跟随一组人爬上顶峰后却发现很难走下来，之后我才学会应该避免攀爬那些悬崖绝壁。

那天早晨，我们发现了一头古生乳齿象的下颚，鲁斯科花了一个多小时把它从地里挖出来，然后小心翼翼地装进一个石膏模子里带回营地。她解释说，一般她会避开河马和象的骸骨，因为它们看上去就进化得跟人或其他一些食肉动物不一样。但是这块象的下颚骨非常完整，以至她忍不住就带回来了。

鳄鱼对人类的影响

在那个星期接近周末的时候，项目主任杰克逊・尼嘉带我来到格鲁美地河边塞伦盖蒂国家公园内的研究场所。和鲁斯科一样，尼嘉对于动物与早期人类的关系很感兴趣，但他更倾向于关注鳄鱼以及它们可能对人类智力产生的影响。虽然这里的主要景观是热带草原，但河流两岸分布着乔木和灌木丛。尼嘉出生于坦桑尼亚，在坦桑尼亚达累斯萨拉姆大学获得文科学士学位，随后在罗格斯大学获得博士学位，之后进入印第安纳大学工作。他和鲁斯科曾经一起在北非的其他地方开展研究工作。

我们在一个阴天抵达了格鲁美地河。在那里，为了争夺位置，二十多头体重达 3,000 ~ 10,000 磅（1,600 ~ 4,500 公斤）的河马在水中互相推挤，在阳光的照耀下闪闪发光。河岸上潜伏着四五只鳄鱼，它们身上粗糙且崎岖不平的皮肤和密布尖利牙齿的长嘴令人心生惊惧。虽然尼嘉也关注河马，但他最关注的是鳄鱼。

根据尼嘉的观点，鳄鱼是非洲最危险的捕食者，它们造成的死亡远远多于狮子或豹。自 1985 年以来，仅仅在坦桑尼亚，超过 500 人被鳄鱼噬杀。尼嘉对这些事件发生的必然性进行了解释："受害者知道它们在哪里，知道如何躲避它们，然而它们依然能捕捉和杀死猎物。"尼嘉告诫我，在水面上每看到一条鳄鱼，水下就会有几条其他鳄鱼在等待着。因此我总是远离河岸。

之所以警惕是因为鳄鱼经常在人或动物饮水或洗澡的水域出没，这些隐蔽的爬行动物非常有耐心。在恰当的时候，当猎物、人或野兽向前走来并认为没有危险的时候，鳄鱼就会猛地冲出水面咬住猎物。鳄鱼的下颌紧紧地咬住猎物的头部、肩膀、臂或前腿，然后将其拖入水中淹死。

在论文研究期间，尼嘉在初夏来到格鲁美地河，观察鳄鱼是如何袭击其他动物的。观察了几个月后，旱季来临，河流消失，鳄鱼和河马也离开了。他对残留在干涸水塘中央的骨骸进行了研究，并对鳄鱼与其他食肉动物留下的牙齿痕迹进行了比较。他想知道不同的捕食者留下的痕迹，以便在研究化石时能更清楚地了解当时曾经发生的事情。

鳄鱼强大的上下腭上长着 66 颗牙齿，这对于咬住猎物是十分完美的。鳄鱼通常会咬住猎物并朝岩石上摔打，或者有时将猎物拖入一个死亡漩涡中并不断地翻滚，或者两条鳄鱼咬住猎物，然后往相反方向旋转。鳄鱼设法撕裂大的肉块，然后囫囵吞下，从而使爬行动物的胃酸能够消化掉大部分食物。

鳄鱼咬住猎物的地方会留下刺伤。但由于它们的上下腭不能左右移动，意味着它们在猎物骨头上留下的痕迹会比其他捕食者少，但在某些情况下，它们也能在无法吞咽的骨头上留下密集的咬痕。鳄鱼倾向于从猎物身上撕下大块的肉和骨头并整块吞下，然后留下其余的部分。狮子、豹甚至土狼则会咬住骨头的一端，然后把肉撕扯下来，甚至会把骨头咬碎，吃掉里面的骨髓。因此，鳄鱼猎物的大部分骨头留下的牙齿痕迹比狮子或豹的猎物少，且在骨头的两端没有咬痕。鳄鱼会咬下大小合适的肉块，不会因为太大而卡住喉咙，也不会因为太小而不值得去猎杀。不属于这两种类型的骨头连同其他吃剩的部分则被留在水中，一同沉入水塘的底部。

有一天我们回到奥杜威，再次爬上了峡谷边高高的山脊，此时阳光炙烤着大地。我们把汽车停在一处悬崖附近，然后爬下悬崖。这处悬崖正对着一条干涸溪流的大转弯处，那是 20 世纪 60 年代里奇家族考察过的地方，也是目前科学家工作的场所。

尼嘉主任利用他在塞伦盖蒂国家公园关于现生动物与它们的猎物的研究工作，来弄清奥杜威的鳄鱼是如何影响早期的人类的。尼嘉告诉我，自从 200 万年前能人首次出现在奥杜威，整个峡谷地区经历了一系列剧烈的气候变迁。他说，当时这里的气候更加湿润，从我们站立的地方顺着河流下游方向不远处有一个湖泊。现在，这个地方已经变得非常干旱，除了持续几个月的雨季，此时奥杜威河将被洪水短暂淹没。

在这里，能人也吃肉，但他们并不是捕食者。尼嘉说："大部分人认为，'噢，人类来到了这里，他一定是一名捕食者。然而事实并非如此，能人仅有 3 或 4 英尺高（约 1.3 米），体重不超过 100 磅（约 45 公斤）。他没办法捕捉到像牛羚或瞪羚一般大小的动物。我们认为他是作为一名食腐动物生活在这里，从狮子和豹的猎物中得到所需的食物。"

为了能够以这种方式生存下来，他们必须非常熟悉地形，且必须成群结队地搜寻食物。单独一个人很容易成为当地捕食者的目标。里奇家族最初猜测，早期的人类很可能是沿着贯穿奥杜威的河流生活。但尼嘉认为，关于鳄鱼、土狼、豹、狮子、河马、象和其他湿地动物的证据实在太多了，这对于人类来说太危险，因此人类不可能在这里过着任何方式的定居生活。他认为这里是一个令人迷惑不解的地方，即能人必须学会渡河，并且必须具备制订计划、合作狩猎和预测捕食者移动的能力，这些能力应该对早期人类的智力产生选择性压力。若解不开这难题，就面临死亡，就无法传递基因——进化的基本元素。

在奥杜威，关于使用工具的化石证据表明了能人拥有能将肉从骨头上分离的工具，但并不是能杀死成年动物或驱赶致命捕食者的石矛或箭头。他们可能拥有木制长矛，但他们是食腐动物而不是捕食者。拥有智慧不仅能增加他们生存的机会，还能获取肉类，这些肉类能提供额外的能量促进脑的进化。

人类谱系

人类谱系的研究不仅能了解过去，而且能洞察未来。直到 1856 年，科学家在德国的尼安德特山洞发现了首个灭绝人类的化石骨骸。尽管达尔文的《物种起源》出版于 1859 年，比第一块尼安德特人化石被发现时间晚了三年，但他的书中并未提到任何有关人类进化的内容。直到 1864 年，这些化石被公认为来自不同的物种：尼安德特人。

达尔文后来提出，我们的早期祖先是在约两千万年前的中新世早期从旧大陆猴中分化出来的。1927 年，H. L. 戈登博士，一位退休的政府医药官员，在肯尼亚西部的石灰岩矿床中发现了第一个从类人猿中分离出来的灵长类的标本。在 20 世纪早期，继在巴黎女神游乐厅中表演的一只黑猩猩被命名为"孔叙尔"之后，戈登将这个标本命名为"非洲原康修尔猿"。那只在游乐厅中表演的黑猩猩身穿着燕尾服，弹着钢琴，抽着雪茄，然后脱掉裤子，头朝下倒立着，最后翻了个跟头跳到床上。1948 年，玛丽 · 里奇在维多利亚湖发现了完整的原康修尔猿头骨之一。

对人类出现之前的早期灵长类的研究并没有随着原康修尔猿的发现而结束。非洲还有许多故事可讲。1974 年，美国古生物学家唐纳德 · 约翰逊和研究生汤姆 · 格雷发现了南方古猿阿法种(著名的"露西"，生活在 385 万到 295 万年前)。他们在埃塞俄比亚哈达尔发现了露西，并在布满星星的夜空下唱起披头士歌曲“缀满钻石天空下的露西”来庆祝这个发现。露西能够直立行走，且拥有类似人类的骨盆，但是她的脑容量很小、牙齿也很原始。露西拥有发达的下颚，可能更多用于撕咬植物而不是吃肉。

随后食肉者开始出现。营腐食生活的能人是人类进化史上最早出现的人属。能人（233 万至 160 万年前），因里奇家族在奥杜威发现的早期工具而被命名为“手巧的人”。男性站立时身高约 4 英尺 3 英寸（约 1.3 米），女性约 3 英尺 3 英寸（约 1.2 米）。能人虽然矮小，但他们的脑容量明显大于露西家族。肉类食物也为能人的生长发育提供了必需的能量。

直立人（180 万至 1.4 万年前）被认为是从非洲能人进化而来的。在地层中，直立人化石的出现紧随着能人化石。直立人的化石首次在印度尼西亚爪哇岛的特里尼尔被发现。德国进化学家恩斯特·海克尔曾经预言人类的起源最有可能出现在东南亚。虽然里奇家族的工作影响很大，但科学家开始承认非洲更有可能是能人和直立人共同的诞生地。

然而，如果直立人确实是由能人进化而来的，那么他就是以惊人的生长速度而进化的。如果你去看一看展览在史密森学会的人类起源大厅里的真人大小的能人复制品，就会发现能人是个没有多重的小家伙。直立人则好像已准备好打原始人篮球赛。他站起来有 6 英尺 1 英寸（1.8 米）高，我必须承认，他在俯视我。直立人的化石遗骸主要发现于 180 万至 14 万年前。他是最早迁移到远东和欧洲的原始人。

大约 20 万年前，非洲的智人由直立人经过 1 个或 2 个中间物种进化而来。欧洲的尼安德特人则经过自身中间物种进化而来。大约 12 万年前，非洲的早期智人迁移到地中海东南部沿岸，在短期内入侵了尼安德特人的领土，但在寒冷时期到来后又回到了非洲。当他们再次出现的时候，他们的装备更完善，数量也更多。

回到奥杜威后，伦敦大学学院考古研究所的一名研究生托莫斯·普罗菲特坐在屋子外面的长凳上，尝试模仿早期人类制造石器工具的场景。他用右手拿起一块圆形的石头或“石锤”，依靠在膝盖上的左手则拿起一块较大的石块。他举起石锤小心对准石块，然后以一定的角度用力敲击石块，敲下了一些碎片，使石块的周围形成锋利的刀刃。一堆圆形的岩石碎片在脚边围成一圈。

普罗菲特的石锤由石英岩做成的，而大石块，即最终的手斧，由响岩做成，这是一种细粒状结构的火山岩。智人，那些高大的家伙，就是使用类似的工具来切割肉块，也可能用来削尖木制长矛。

那些简易的、片状的、锋利的、可用于切割的小块岩石被认为是能人工具箱的一部分。而这些两面打制过的工具，如普罗菲特每天花数小时制作的手斧，则是直立人工具箱的一部分。在 20 世纪 70 年代，人们在奥杜威峡谷发现的第一个工具，可以追溯到 250 万年前。他们制造的工具表明，早期的人类已经具有了制造和使用工具的心智能力、灵敏性和精细动作技能。

在与智人的致命性竞争中，为什么尼安德特人最终消失了呢？早期人类制造工具的技术起着决定性的作用。尼安德特人——人类的近亲，统治欧亚大陆将近 50 万年，遍布欧洲、英国、希腊、俄罗斯和蒙古。尽管分布如此之广，但人们认为即使在顶峰时期他们的总人口也仅有 1 万至 10 万人。对尼安德特人骨骼的检验结果显示，成年男子的右臂比左臂更强壮有力，这表明他们经常搬运重物和手握长矛用力刺向猎物而不是抛向猎物。男性尼安德特人拥有强健的身躯，尽管身高站立时仅有 5 英尺 5 英寸（1.7 米），但体重却达到约 185 磅（84 公斤）。他们工作一天需要 5,000 卡路里能量，相当于一个参加环法自行车比赛的赛车手一天比赛所消耗的能量。

尼安德特人在森林中捕猎，在这里他们能近距离伏击猎物，并通过投掷长矛打倒猎物。他们几乎完全以大中型哺乳类动物，如马、鹿、北美野牛、野牛等为食，生活十分艰难。尼安德特人的遗骸像竞技选手一样，有多处疤痕和骨折。尼安德特人适应了在温暖的森林气候条件下生活，但在他们的统治末期，欧洲变得越来越寒冷，冰雪覆盖着斯堪的纳维亚山脉和英国的北部，使他们被围困在贫瘠且冰冷的环境中。为了逃避寒冷的气候和开阔的地形，尼安德特人迁移到了环绕地中海最南部的森林中生活。

同时，在 5.8 万至 2.8 万年前这段更长的寒冷时期，智人在很短时期内迁移至欧洲，并很快适应了当地的气候。他们的体重比尼安德特人轻，只需要较少的能量就能生存，而且他们的食谱更广。他们不介意偶尔吃一顿鱼甚至一两顿素食。他们捕猎时使用更轻的能投掷更远的石尖矛。他们还使用了一种投射长矛的工具（梭镖投射器），在杆状物的一端挖一个小窝，刚好可以让长矛插进去。这种投射器能为投射者和长矛提供额外的杠杆作用、增加攻击距离和提高投射的速度。利用这种投射器，捕猎者能够将长矛投射至 325 英尺（100 米）以外，虽然只达到最有效致命距离的一半。

当智人处于最辉煌的成长时期——文化、符号交流和艺术的爆发，尼安德特人的衰落时期来临了。当现代人的群体增长时，尼安德特人的群体仍然很小，势力范围也在变得更小。当智人能收集到超过 310 英里（500 公里）以外的石头时，尼安德特人能收集到 62 英里（100 公里）之外的石头就很幸运了。

史密森学会人类起源项目主任瑞克 · 波兹说："智人比尼安德特人有能力在更广阔的范围内发展贸易。人类能获得 500 公里以外的物品，或者与 500 公里之外的人通婚。最终，它使人类在萧条时期得到了缓冲。"

尼安德特人逐渐从英国、中东、俄罗斯和蒙古消失。他们的最后一站可能是直布罗陀岩下面的洞穴。尼安德特人最后是和平离开，还是被推向进化的悬崖了呢？科学家相信早期狩猎采集的社会要比以前判断的更具侵略性。

语言可能是智人超过其他原始人的最大优势之一。语言能为现代人传授过去的经验教训。沟通、记忆力和利用更广范围信息的能力能够激发人类的创新意识。瑞克 · 波兹说："智人有能力积累创新。"在此之前未有其他物种展示出这种能力。

理解语言的能力的出现实际上可能早于交谈的能力。关于理解力的有益基因突变可能出现在交谈能力的突变之前。因此，科学家们让灵长类黑猩猩、黄猩猩、倭黑猩猩理解语言时运气不错，但想让它们交谈时运气就差了。

印第安纳波利斯动物园保护和生命科学学会副主席罗伯特·舒梅克跟我讲述了几个关于让猴子和其他几种灵长类动物学讲英语的研究。在20世纪初期，一只由科学家饲养的名叫维姬的黑猩猩被训练模仿发出带有呼吸声的“Mama”“Papa”“cup”“up”的声音，但由于训练过程十分艰辛，这些训练很快就被搁置下来了。很显然，类人猿不具备构建英文单词的形态学特征。然而，在华盛顿特区的国家动物园，舒梅克研究的一只名叫邦妮的黄猩猩却展示出一系列能让饲养员了解她的需求的口哨声。舒梅克说：“她不经过训练就能做到这些，本质上是创造了自己的词汇和句法并利用它们。”华盛顿特区史密森尼国家动物园理论研究中心的试验展示了这种先天能力。在秋季的某一天，近子·苏达金，一名史密森尼博物馆戴维·博奈特基金会博士后奖学金获得者，带我到幕后拜访著名而又聪明的邦妮，也就是舒梅克曾经研究的那只黄猩猩。当苏达金走近笼舍后，邦妮开始表现得像一个兴奋的孩子，但当看到苏达金在笼子前面升起一台计算机时，她很快变得认真起来，立刻在计算机屏幕前安坐下来。

苏达金正在尝试去确认邦妮是否有能力根据自身关于某个特定主题的知识来做出判断。换句话说，她能否问自己：我有足够的知识去参加测试吗？这是一种过去被认为是人类独有的自我意识水平。这一天，苏达金展出了五张相同内容的照片，游戏中由邦妮自己点击照片向前翻页。接下来的一幕是让邦妮对两张照片做出选择。她已经知道选择的结果所表达的意思：你是否愿意参加下一个关于回忆那些照片的测试，并获得三颗葡萄，或是选择退出而只能获得一颗葡萄呢？如果邦妮选择继续测试，但答错了，她将一无所获。在测试阶段向邦妮展示的几张照片中，只有一张是和学习阶段展示的照片相同的。

邦妮一次又一次地选择参加测试，并且都选对了照片。拥有动物心理学哲学博士学位的苏达金必须通过一个狭槽将三颗葡萄奖励给邦妮。现在，苏达金已经很难跟得上邦妮的节奏了。她开玩笑说："我们正准备增加测试的难度。"虽然她也承认邦妮花费了两年时间去理解这个测试，但这还是证明了灵长类是具有自我意识的。

爱荷华州得梅因大型猿类信托基金会的研究员苏·萨瓦戈日鲁姆博夫声称她的倭黑猩猩——黑猩猩的近亲，能通过人类手语和词汇系统与饲养员进行交流。萨瓦戈·鲁姆博夫说她的倭黑猩猩可以观看肥皂剧，它们会自己选择和转换频道，并且它们偏爱观看连续剧。

佐治亚州立大学的博士研究生丽莎·海姆鲍尔教一只名叫潘子的黑猩猩学会理解英语。这只黑猩猩自出生后不久就被当人一样对待。潘子目前已能理解 130 个人类的单词，即使这些单词的发音进行过计算机失真处理，这些处理被认为除人类外的任何其他动物都无法识别。海姆鲍尔相信灵长类的理解能力的发育要先于言语的发育。她在接受电话采访时告诉我："当言语进化时，这种理解言语的认知能力必然能达到那种程度。"

尽管人们认为尼安德特人和直立人已经具有基础言语的某些形式，但智人在言语的获得和完善方面仍然优于前两者。由于智人学会在冰川时期剧烈变化气候下航行，使他们能够从事贸易活动，这意味着他们具有能超越其他原始人的明显优势。贾雷德·戴蒙德在《第三种黑猩猩：人类的进化与未来》一书中将其称为"大跃进"或文化的黎明。言语演化成了一系列代表字词和思维的心理图像或符号。虽然没有证据能直接证明尼安德特人存在言语交流，但有证据表明他们使用共同的工具，共同工具的使用是不同人种间开展某种方式的交流和可能的通婚所必需的条件。通婚可以解释这两个人种具有共同基因的原因，特别是控制言语的基因 FOXP2，人类学家认为这个基因可能是尼安德特人遗传给智人的。

言语应该给现代人类带来了某种优势，就如同二叠纪物种大灭绝时期水龙兽拥有发达的肺、牛头犬长着獠牙一样。像人类一样，水龙兽利用这一优势，从而能广泛分布于地球的许多地方。三叠纪物种灭绝后新进化出现的恐龙也是如此：当时它们作为形似鳄鱼的捕食者处于优势地位，他们利用这一优势很快统治了整个地球。

如今，现代人类是这个星球上最成功的动物，他们几乎占据了地球上除深海和极地冰帽之外的每一个环境。但是，在过去的五十或六十年里，智人的人口增长已达到了顶峰，我们正处于自己的辉煌进步已经变成最大噩梦的转折点。

加利福尼亚州洛杉矶市的人口剧增表明人口快速增长如何给环境带来重大影响的同时却几乎不会引起当地人的注意。这个城镇建立于1781年，当时西班牙统治者说服44个人从墨西哥出发，调查这片新发现的、充满自由的陆地。到了1800年，当时定居的44人增加到315人。到了1850年，墨西哥将加利福尼亚州割让给美国后，人口达到了1,610人。到了1900年，人口达到了102,479人。接着，他们在海滨的某些城镇发现了石油。在20世纪的一二十年代，为了更好地发展，电影业从纽约迁移到西海岸。随着第二次世界大战的爆发，他们开始制造飞机。到了1950年，在约502平方英里（约1,300平方公里）的地区居住着1,970,357人，这个面积小于伦敦或东京，但又比纽约大。

我在洛杉矶西区长大，当时的房屋多为单个家庭居住。街道的交通流量小，很少有高速公路。随后，政府开始修建高速公路，让居民迁出去，通过行使政府的“土地征用权”来买断他们的土地所有权用于公共开发。随着时间的流逝，单个家庭居住的房屋变成了多户居住，以前的公寓也变成了公寓楼。我的家人过去经常驾车前往东面的山脉或沙漠，沿途能看到柑橘园。而现在，到处都是房屋、公寓、停车场和大型购物中心。如今，洛杉矶的人口接近390万。人口和公共设施的增长主要发生在过去的一百年里。

纽约市同样发生了类似的人口增长。1811年，当检测员小约翰·兰德尔被曼哈顿街道上复杂的电网折服时，这个被河流环绕的中心岛屿还是18世纪纽约市行政区的一个乡村。最终，这个地方发展成为格林尼治村、索霍区、时代广场和所有著名的社区。玛格丽特·霍洛韦在描述兰德尔伟大成就的《曼哈顿的测量》一书中写道：“这座岛屿为丘陵地区，石头众多，溪流交错，到处是海滩、沼泽和湿地。”在 1800 年，纽约市的人口为 6 万人。如今，调查局的普查表明，纽约是美国人口最多的大都市，估计有 840 万居民。

在过去的 200 年里，伦敦的人口从 96 万人增长到 280 万人。在最近的一百年里，东京的人口从 370 万人增长到 1,320 万人。伊斯坦布尔的人口从 370 万人增长到 1,300 万人。如果把这些城市邻近郊区的人口也包括在内，估计是现在的两倍多。随着世界人口的增长，大城市的人口也在增长。

如果我们要绘制世界人口数量增长图，这个图看起来很像基林曲线，这条曲线显示 1985 年以来大气层中二氧化碳的浓度变化。人们通常也认为像曲棍球杆，因为在 1850 年以前的大部分时间里 CO_2 的排放量保持恒定，随着工业革命向全世界扩张，CO_2 的排放量从 280 ppm（百万分之一）增加到 396 ppm。公元 1 世纪，世界总人口数量约为 2,000 万。在最初的一千多年里，人口数量缓慢增长，但在第二个一千年里，特别是在后期，人口数量加速增长。到了 1800 年左右，世界总人口数量已达到 10 亿。到 1930 年，总人口数量为 20 亿。到 1987 年，总人口数量为 50 亿。到 2011 年，总人口数量为 70 亿。到 2024 年，世界总人口数量预计将达到 80 亿。如果以过去五十年的速度增长，2100 年世界人口将达到 270 亿，这将使地球难以维系。在引起的众多问题中，最基本的问题就是没有足够的食物养活那么多人。

人口专家相信，通过政府调控的同时，增加就业和教育机会来推迟女性的生育期，能降低人口增长的速度。许多科学家预测 21 世纪人口增长将趋于稳定，到 2100 年，世界总人口数量仅为 100 亿。然而，这个数字表示地球上的人口数量仍然比现在多 30 亿。

人口增长最快的是亚洲和非洲。从 1960 年至 2011 年，印度增加了 7.82 亿人，对世界人口增长贡献最大。到 2030 年，印度的人口数量预期将超过中国。印度妇女的平均生育率为2.5。但到了2030年，生育率预期将下降至2.1，接近2的人口更替率。问题是在过去的50至60年里，我们经历了人类历史上最大的人口爆炸，并且这种发展势头将保持下去。美国人口统计学家过去认为在2075年人口增长将达到最高点。如今，他们认为人口增长将持续到下个世纪。

人口控制存在文化障碍。传统、宗教、妇女地位低下和限制避孕仍在推动出生率的增长。实际上，美国对计划生育的资助已经减小。如今，对人口增长的关注度低于20世纪60年代，当时仅有一半人能存活下来。

在印度，城市中产阶级的人口增长已经下降，但在农村的贫民仍保持较高的增长率。在印度教文化中，生育一个男性继承人仍是家庭传统思想。儿子赡养年老的父母并为他们举行“最后的仪式”，被看作是让父母通向天堂必须承担的责任。某些印度祖父母仍然认为拥有10个或15个孙子是一种健康的表现。

中国的独生子女政策使人口增长得到了减缓。但数以亿计的年轻人处于生育年龄，仍可能加快人口的增长。中国目前的人口数量为13亿。但随着经济的增长，即使他们没有更多的孩子，他们仍然消耗了大部分国家资源，如食物、能源和商品。

东南亚的人口增长和中东地区的燃料供给一直存在着冲突。在快速发展中的国家，年轻人无法找到工作。而一些人则通过伏击军用车辆或外国的补给车，瓜分食物、毛毯和战利品等方式来维持生活。人口专家声称，自20世纪70年代以来，全球80%的冲突是由于年轻人的数量暴增而引起的。

由于没有工作，无法存钱置办嫁妆，中东和东南亚地区的许多年轻人就不能结婚。而对于婚外性行为，根据当地的文化，他们将被判处重刑甚至死刑。大量的年轻人拒绝工作、金钱和性行为，这将演变成灾难发生的一种形式。

到2050年，世界人口增长量将超过20亿，大部分增长将来自亚洲、非洲和拉丁美洲的贫穷国家。由美国国家情报委员会提供的安全评估警告人们，气候的变化会危害食物、水源和自然资源，继而引发全球冲突。

某些人认为人口增长在接下来的一百年里会趋于平稳，但他们并没有考虑人类对自然资源的消耗。正在向工业化发展的第三世界国家希望获得诸如汽车、电子产品和肉类等方面所带来的利益。人们估计，如果人类以最低配给的食物量来衡量，世界能承载的人口数量为 330 亿，但许多人因为从电视上看到而追求像美国中产阶级那样的生活方式，世界能承载的人口数量将下降至 20 亿。

斯坦福大学的教授保罗 · R. 埃利希在 1968 年出版的《人口爆炸》一书中告诫人们，饥荒是人口过剩的结果。这本书被指责是危言耸听。在这本书的封面有这样的阐述："当你正在阅读这些文字的时候，四个人将死于饥饿，且大多数是儿童。"近来，埃利希和他的妻子安妮 · H. 埃利希在《可持续发展电子杂志》中重新探讨人口问题，并下结论说《人口爆炸》所传递的信息对当今的意义比四十年前更重要。他们写道："也许《人口爆炸》最严重的缺陷就是对未来太过于乐观。"

他们认为，人类在统治地球的历史上已经到达了一个危险的转折点。人口数量增长的同时，对自然资源的掠夺也在增长。这显然不能再继续下去了。

人类正在面临的问题之一就是土地，这是一种满足人口爆炸所需的至关重要的资源。但地球的土地为人类做好准备了吗？

第二部分

警示，危险的未来

第五章

警示信号 I ：土壤

大约一万年前，农业的兴起促成了人类史上的人口增长，但是，我们现在迫切需要的能够养活未来增长的人口的土壤却不断地被我们破坏。为了获取一些关于这个问题的看法，我参观了许多地方，其中包括英国洛桑研究所，它是世界上运转时间最长的农业研究站。该研究所创立于1843 年，位于距离伦敦北部约 30 英里（约 48 公里）的英格兰东南部的哈普敦镇上，这里曾经被菩提树林所占据，其中还掺杂着橡树和榛树。约公元前 4500 年，当移民越过英吉利海峡，引进国内农作物和牲畜的时候，这片土地转变为草原。

当我走下火车时，空中的云彩正在退去。整个村庄装饰着翠绿的草地、粗糙的人行道和被清晨雨点缀的色彩斑斓的观赏花卉。被树篱笆围住的小镇四周是小块的农田。我穿过几个街区去考察他们的设施，希望能够了解更多关于在农业发展进程中地球的土壤利用情况以及我们对它们的未来期望。

洛桑庄园是用砖块和旧木头建造而成的，位于距离火车站几个街区的一片 300 英亩（约 1.214 平方公里）翠绿起伏的农业用地的中心。这个庄园首次被文献记载可以追溯到 13 世纪初期。从那以后，庄园不断发展壮大，面积不断在增加，庄园的所有权至少被转手了 5 次。

约翰·贝内特·劳斯是一位企业家和农业科学家，在1834年，他离开牛津大学布鲁齐诺斯学院后成了洛桑庄园的管理负责人。在这里，他开展了大量的室内和室外的农业实验。一位德国化学家胡斯塔斯·冯·李比希教他如何把骨头煮沸、磨碎并用酸处理来制成肥料。不久后，劳斯就开始向当地人销售用硫酸处理的粉状磷矿石制成的“过磷酸盐”。这种化肥在当地十分受欢迎。

1843年，劳斯在伦敦建立了一间肥料工厂，他任命约瑟夫·亨利·吉尔伯特管理田间试验，这标志着洛桑试验站(就是后来的洛桑研究所)正式启动了。

为了确定最佳方案，劳斯和吉尔伯特分别在两块试验地种植小麦和萝卜，并把它们分成24个条带，然后在每个条带施用不同的肥料和化学品，并随着时间的推移不断改良配方，同时根据不同的作物进行调整，直至作物达到最好的生长效果。他们还注意到无机肥料和有机肥料对作物产量的不同影响，以及它们如何影响周围动植物的多样性。

无机肥料来自采矿业或机械加工，而有机肥料来自动物和植物。劳斯和吉尔伯特认为无论是有机肥料还是无机肥料，增加氮和磷都会提高所有植物的产量。但是微量元素只能增加某些植物的产量，而对其他植物的产量没有明显影响。因此他们在试验中加入了鱼粉和用不同饲料喂养的各种动物的粪便。1889年，劳斯利用出售化肥工厂所获得的钱成立了一个信托基金。1900年劳斯逝世后，实验在信托基金资助下得以继续进行。洛桑研究所的科研人员开始检测土壤中的pH值来确定其酸度或碱度，然后加入滑石粉改变土壤的酸碱度并检测其影响效果的差异。

一般而言，化肥能够加速作物的生长，但研究人员发现，添加无机肥料的农业用地上长着高大的农作物，导致了邻近农田里的物种数量下降。在距离添加大量无机肥的农田较远的地方，生长着50种禾本科植物、豆科植物、杂草和草本植物，但在邻近施肥农田的区域仅生长着3种植物。无机肥料能够提高作物的产量，却造成生物多样性的明显下降。农业时代的到来导致植物物种数量的长期下降，并成为我们目前正经历的生物多样性危机的一部分。

农业的扩张加剧了人类对自然和自然界中的动植物的影响。大多数农民赞同降低生物多样性，因为植物种类的减少导致杂草的减少。然而，现代农业导致地球上植物物种数量的减少犹如引发二叠纪物种灭绝的火山爆发和终结白垩纪的小行星。物种数量的减少将导致疾病的传播，这是因为携带病菌的寄主数量减少，而其中某些寄主比其他寄主更适宜传播疾病。

劳斯对于他所造成的现状感到忧虑。虽然他曾经是利用无机肥料的发起者之一，但他建议种植蔬菜或园林绿地最好靠近能够以便宜价格大量供应农家肥的农场。有机肥料，特别是粪肥，对于许多无机肥料的发明人来说甚至是一种更好的选择。

到 19 世纪末期，欧洲国家正在努力解决人口快速增长产生的粮食问题，农民们四处搜寻种植谷物和蔬菜所需的粪肥。南太平洋岛国的海鸟粪被一抢而空；马厩里每个小粪块都被劫掠殆尽；人粪也被冠以“夜土”这种优雅的名字，测试它作为肥料的本领。据李比希说，由于人和马的骨头里富含磷，滑铁卢战役中死去的人和马的骸骨都被碾碎作为农作物的肥料。

在 20 世纪初期，无机肥料被认为是唯一合理的选择。由于他们的农业创新以及在化肥方面的研究工作给英国农民带来的收益，劳斯和吉尔伯特被维多利亚女王授予爵位。如今，位于农场中心的洛桑庄园已成为从世界各地来访的科学家的公寓。这个研究站不仅仍在研究各种肥料，还研究用于能源生产的作物的改良和杀虫剂、除草剂、基因改良作物的长期效应。

过去 160 年的农业发展史记载在土壤、农作物、肥料和粪肥的样品中，这些样品被研究所保存在“样品档案馆”，在那里我们看到绿色革命后生产增产的标志以及同一时期发生的切尔诺贝利核事故导致污染物和放射性尘埃增加的证据。对于人类来说这预示着贫穷，因为农业科学家希望土壤在未来数十年里粮食产量翻倍增长中扮演重要角色。在未来的日子里，我们需要两倍的农作物才能使餐桌上有足够的粮食、牲口棚里有足够的饲料、燃料罐里有足够的生物燃料，这样才能保证人类正常的生活需要。一片有了“受污染”“已耗竭”名声的土地，不是实施增产计划——尤其是可能成为满足对谷物的更大需求的生产第一线——的好地方。联合国报道称 22 世纪我们将超越农业生产的极限。

为探讨人类和农业的未来，我们需要追溯过去和更仔细了解人类和农业关系发展的历史。在最后一个冰河时代结束时，大约是 12000 年前，我们进入到目前的间冰期，从此时地球开始变暖，降雨更频繁，并且植物比过去 10 万年里长得更大，生长得更快。一路走来，人类意识到照料植物比狩猎更为容易。在此方向的推力可能是人类遭遇了猎物减少的情况，甚至因为他们的狩猎技能日益进步，导致了一些重要动物的灭绝。

关于小麦和大麦驯化的证据首次出现在公元前 9500 年，不久之后相继实现豆类（如扁豆和豌豆）驯化。农场首次出现在亚洲西部的肥沃新月地带。这个理念很快就流行起来，于公元前 7000 年传播到埃及和印度并逐步进入欧洲。大约在这个时候，中国开始出现水稻和小米。

人类在驯化植物的同时开始驯养动物。山羊于公元前一万年左右在伊朗被驯化，而绵羊在公元前 9000 年左右于伊拉克被驯化。牛于公元前 6000 年左右出现在印度和中东。农耕在北方气候和南方气候下传播速度较缓慢，传播到新大陆原住民的时间甚至更晚。然而美国印第安人发现了玉米和土豆，它们是当今世界上重要的驯化植物之一。

每英亩农业用地产生的能量是觅食所获得能量的一百倍，但随之而来的代价是新农民们的健康。采集 – 狩猎者很少缺乏维生素，但农民却患有坏血病、佝偻病和脚气，这与他们低劣而单调的食物有关。婴儿死亡率上升，也可能与不良的饮食有关。似乎摄取较少的蛋白质、较少的维生素、较高的碳水化合物以及较少的运动看上去不像医生的建议。当人类开始依赖农业时，人类的身高萎缩了几乎 5 英寸（12.7 厘米）。波利尼西亚人、印第安人和澳大利亚土著居民因摄取新的富含碳水化合物的食物而患上 2 型糖尿病，且酒精中毒的发生率更高。酒精消耗随着农业的增长而增加。某些人认为大麦首先被驯化是为了酿制啤酒而不是制作面包。很显然，照料作物唤醒了农民的欲求。

最终，农业导致形成更大的居群，并建立起政府以保护和分配粮食，进而减少冲突和延长寿命。大约九千年前，苏美尔人发明了用刻在黏土板上的图片代表计算符号，用这些符号证明土地、粮食或者牲畜的所有权。他们开始用芦苇做成的尖笔刻画这些符号，这就是著名的楔形文字，也是人类第一个书面语言。

大约十万年前，世界上大概有 50 万人，其中包括智人、尼安德特人和其他的原始人类。在一万二千年前的冰河世纪末期，世界上大约有 600 万智人。但随着农业的出现，从公元前一万年至公元 1 年，人口数量暴增了大约 100 倍。

农业能暂时减少采集—狩猎者间的竞争，进而改善他们的生活，但随着人口的增长，粮食供应也随之增加。较大的居群、狭窄的生活空间和与家畜近距离接触都将增加人类接触疾病的概率。我们对环境的影响不断增大。野生动物多样性不断下降。当我们过着游牧生活时，对土地的影响不会太剧烈，但一旦定居下来，各种烦扰突然就来了。

污染时期

回到洛桑研究所，我跟随凯文·科尔曼研究员进入研究所的样品档案馆，这个档案馆是所有来访科学家的聚焦点。在洛桑研究所运动场上的仓库里封装着成排的 5 升瓶子，所有瓶子都标注日期并被堆放在 16 英尺（约 5 米）高的架子上，这些瓶子装着 160 年前收获的粮食、茎秆、种子和实验区的土壤。其中一个高架子上存放着洛桑第一个麦田的样品，其时间标注为 1843 年。为避免霉菌，瓶子都用软木塞、石蜡和铅进行密封。在第二次世界大战期间，样品被保存在曾用来装奶粉、咖啡、糖浆和其他战时生活必需品的废弃铁罐里。

洛桑研究所的样品档案是一种独特的藏品，因为它贮存了三十万来自田间试验的作物和土壤，这些试验都有充分的历史记载。科尔曼说："这些样品被全世界的科学家用来探索农业生产如何影响粮食、土壤肥力和生物多样性。"

但这些容器还贮存着一些研究人员并不引以为豪的东西：人类污染的编年史。在工业迅猛发展的两个世纪，土壤记录着我们向空气中排放了什么以及向土地里注入了什么。洛桑研究所的样品档案中仍保存着1950年至1960年间在内华达州和比基尼环礁进行核试验的证据。它也记录着生产塑料时产生的多氯联苯（PCBs）以及电厂、新鲜沥青和汽车尾气产生的多环芳烃（PAHs）。这里还保存有二恶英，它是橙剂的主要原料，越南战争时被用来促使树落叶。还有大量来自动物饲料的重金属，如锌、铜，化肥里的镉，制革产生的铬和来自管道、汽车燃料、工业废气、燃煤电厂的铅。

这些污染物许多都是致命且难以降解的，如多氯联苯和滴滴涕（DDT），其中PCBs既可以作为润滑剂也会导致癌症；DDT是一种长期有效的杀虫剂，但它也会长期残留在自然中。自20世纪70年代以来，随着大部分国家禁止使用这些化学制品，它们的数量明显下降，但PCBs的残留物依然出现在因纽特母亲的母乳中，DDT依然出现在淡水鱼以及捕食淡水鱼的猛禽的身体中。目前，印度仍然使用DDT来控制疟疾。

但我们可能真的不得不跟这些残留毒药一起生活。而现在，我们要么选择耕种，要么被饿死。

下一个绿色革命

那天下午我们来到田地里，一位洛桑研究所的科学家保罗·波尔顿，引导我走进成排的麦秆中，这里展示着农产品演变历史中重要时刻的成果——“绿色革命”。种穗如此厚密，以致整株植物看上去除了占大部分的种子和一条矮壮茎干外别无他物。一阵微风吹过我们眼前的麦田，看起来就像小麦海洋中的波浪一样。第二次世界大战之后不久，人们开始种植这些新的谷物品种。波尔顿说：“当洛桑改种这些矮壮小麦时，同样的事情也发生在世界的其他地方。”

美国农业家诺曼·博洛格因为缔造了第一次绿色革命而获得1970年的诺贝尔和平奖。作为一名林务官和植物病理学家，他辞去了杜邦公司(一家化学公司)的工作，并于1944年加入洛克菲勒基金会在墨西哥的征服饥饿项目。他最初的职位是遗传学家，但他于1970年获得诺贝尔奖时，他是墨西哥小麦改良项目的主任。

由于受病害的影响，包括锈病，小麦在墨西哥的生长状况不佳。博洛格用墨西哥小麦与来自其他地方的具有抗锈性的小麦品种进行杂交，以此获得能在墨西哥环境生长良好的抗锈性小麦品种。然后冬季里他把小麦种植在索诺兰沙漠，夏季里种植在墨西哥中部高地，以此培育出能在不同环境生长的小麦品种。

随着墨西哥农民开始种植新品种，小麦产量节节上升。到20世纪40年代末期，研究人员发现增加氮能够获得更高的粮食产量，但是容纳小麦籽粒的种子穗变得太重以至于植株容易发生倒伏，这对于农作物来说将是毁灭性的灾难。因此，博洛格致力于用小麦与具有较短的、更粗的、更紧凑的枝干的品系进行杂交。这些植物能够结出大量种穗，同时它们坚硬而矮小的体形能支撑种穗的重量而不会发生倒伏。使用改良品种使小麦的产量增加了三到四倍。

水稻是世界近一半人的主要粮食。当印度的研究人员把这个想法应用到水稻生产时，水稻产量比传统品种的产量增加了数倍。中国的农学家开始种植半矮秆品种，这种水稻为他们的国人提供了充足的粮食，而这个决定使中国上升为工业强国。

目前科学家告诉我们如果要满足未来数十年的粮食需求，我们需要发起另一次绿色革命。我们在洛桑研究所的朋友也正在努力参与这次绿色革命。他们目前确定的目标是在二十年里每公顷小麦的产量达到二十吨，即所谓的 20：20 小麦。但波尔顿说：“目前英国小麦的平均产量为每公顷 8.0 吨（亩产 533 公斤），但如果种植在最好的土壤上，配以良好的管理和适宜的气候条件，每公顷小麦的产量有希望达到 12 吨（亩产 800 公斤）。”

似乎农作物生产的下一个飞跃并不是来自大发现，如紧凑型小麦，而是来自系列较小的改变，农业学家希望这样的改变将增加更大的产量。目前，洛桑研究所着眼于通过基因改良来提高粮食的产量；通过增加对害虫和疾病的控制来保护植物生产力；进一步了解土壤和根系的相互作用来改善水和营养吸收；利用植物和环境的相互作用来缓解气候变化的影响。

研究所的农业科学家正在密切关注大西洋沿岸其他国家开展的研究工作。乔纳森·林奇是宾州州立大学植物营养学教授，他认为发展更具侵略性的根系有利于增加肥效和水分利用。他把美国大豆与在安第斯山脉中发现的几个原始品种进行杂交，希望能够获得那样的植物地下根系，这些根系的侧根能从表层土吸收磷，较深的主根能吸收回落的地下水和快速流失的氮。

苏珊·麦克古奇是康奈尔大学的植物育种和遗传学教授，她专注于酸性土壤的研究，而土壤酸化是全球 30% 的土壤面临的问题。酸会让铝释放到土壤里，从而抑制植物根系的生长，最终使植物因无法摄取水和营养而死亡。但麦克古奇利用从野外采集的一些原始品种培育出具有铝耐受性的优良的农作物品种。

洛桑的研究人员也在利用生物炭处理酸性土壤问题，这些生物炭被巴西人称为亚马孙黑土或黑土。沿着亚马孙河生活的古印第安社会曾兴盛一时，他们利用黑土使热带雨林中相对贫瘠的土壤变得肥沃起来，这些黑土由缓慢燃烧形成的木炭构成。研究人员希望现代社会也能做到同样的事。

亚马孙的黑土

想对黑土的潜力有个概念，必须去玛瑙斯附近的亚马孙中心地带。八月初我飞到委内瑞拉，并搭乘一辆公交车经过两天的行程，翻越帕萨利马山脉进入亚马孙盆地。黑夜里，弯弯曲曲的公路穿过被森林覆盖的山脉，直到拐弯处迎面开来另一辆车时我们才对公路有清晰的概念。两辆车靠边擦肩而过的危险瞬间，从林里悬挂着的枝干强烈撞击我们车的右前窗，在车窗玻璃上形成一个巨大蜘蛛网状的裂痕，而司机并不在意这种情况。他那边的双层玻璃仍然透明。

我们旅行了一整天，首先是穿过热带草原，接着进入茂密的热带森林，傍晚时分到达尼格罗河与亚马孙河交叉点的玛瑙斯。午后的阳光下这座城市里随处可见商贩、农民和游客。玛瑙斯是亚马孙中部最大的城市。一群考古学家到车站来迎接我，不久后我搭上渡船穿过尼格罗河到达他们在亚马孙的野外研究地。

到了早上，我们爬出吊床，享受了一顿包括鸡蛋、水果、面包和咖啡的丰盛早餐，然后向研究地出发。此时，圣保罗大学考古学家爱德华多·内维斯和五十名来自拉丁美洲、美国和英国的考古学志愿者正在一个木瓜农场里的考古遗址进行挖掘，从这个农场能俯瞰亚马孙河。这个地方分布有公共墓地和其他古代遗迹，它们的历史可追溯到两千多年前。这里的树上挂满了黄澄澄的水果和翠绿的树叶，这主要归功于曾经占领这片土地的古代印第安人留下的土壤。

河的两边分布着丰富的亚马孙黑土，它是古代文明所赠予的礼物。虽然亚马孙河流域的大部分土壤都是低营养、淡黄色和贫瘠的，但亚马孙黑土是黑色的、芳香的和肥沃的，这正是农民所喜欢的。内维斯和其他人相信通过某种方式使土壤肥沃，为早期居民建立农本社会奠定了基础，农本社会所供养的人口数量比过去想象的要多得多。

亚马孙河流域的土壤中几乎没有石头，这意味着这里早期的居民只能利用木材建造房屋和拜祭的地方。这些建筑物无论如何精心建造，都会随着时间的推移而腐朽，是以几乎没有留下任何有关人类过去荣耀的痕迹。古代文明的主要证据来自他们制作和烧制的陶器，因为大部分的陶瓷碎片被保存在土壤中。

早期亚马孙人的生活并不容易。印度人利用石斧砍伐河岸边的树木，这种工作冗长而乏味，需要花费数天或数周才能砍倒大树。这个过程给森林打开了小天窗，让部分光线进入森林，但这不足以彻底让植物干透。为种植农作物，农民开始放火烧山清理森林。这一过程将持续几天，所形成的木炭则是黑土的主要成分。

现今，大多数亚马孙人仍使用“刀耕火种”的方法来为农作物创造空间。与古代印度人相比，土著人使用链锯来砍伐更大的树木。这个过程创造了允许大量光线透射的大空间、充足的引火物和能够产生大量灰烬但很少木炭的烈火。灰烬有充足的营养用于维持农作物生长几个季节，随后这块土地进入休耕期，反之，黑土或生物炭的营养供给持续的时间要长得多。在内维斯研究地附近的一位农民在黑土上种植农作物 40 年，其间从未施肥。威廉・伍兹是一位土壤学家和堪萨斯大学地理学教授，他声称这样的事令人难以置信，并告诉我：“我们从未在堪萨斯州做到这些。”而堪萨斯州在美国以土壤肥沃而闻名。

洛桑研究所曾经对亚马孙河流域的几个研究点的土壤进行了检测，结果发现黑土相对于典型的原生土壤而言更容易从有机物质中吸收、整合和保存更多的碳，这是粮食增产的原因之一。

也许这能够避免饥饿。

棉花国王的惨败

在另一个更往北的旅行中，仍然是考察土壤。和我一同旅行的是杜克大学土壤和森林生态学教授丹・里克特以及他的几个研究生。除我们外，还有来自杜伦大学、北卡罗来纳大学和杜克大学的研究人员，我们一起组成的车队往南进入卡尔霍恩实验森林，这是里克特最喜欢的野外试验研究点之一。卡尔霍恩实验森林位于南卡罗来纳州联邦附近的萨姆特国家森林公园内，它建立于 20 世纪 40 年代，目的是为了研究该地区存在的与土壤有关的严重问题。

里克特的工作位于美国东南部的皮德蒙德高原。在 19 世纪，由于这里的农场和种植园长年种植南方棉花，导致土壤被侵蚀，重要的营养物质被吸收殆尽，该地区的土壤和生态系统的肥力急剧下降。

卡尔霍恩最初的位置被选在代表农业土壤侵蚀和农田荒废的“最贫瘠的皮德蒙德高原”。卡尔霍恩早期开展的研究主要是针对土壤改良和流域恢复，目的在于寻找最省钱、最快、最有效的途径改善树的生长、土壤的结构和为土壤增加对植物的肥力。杜克大学与美国林务局合作开展的长期研究旨在监测、采样和收集归档信息。

皮德蒙德是美国东部的高原地区，位于蓝岭山脉、阿巴拉契亚山脉东面和大西洋滨海平原之间。它从北部新泽西州延伸至南部亚拉巴马州。它的面积约为 8 万平方英里（约 21 万平方公里），这个区域的土壤主要是黏土，土壤肥沃。在北卡罗来纳州和弗吉尼亚州的中部地区，烟草是主要的农作物，而北部主要是果园和乳牛场。18 世纪和 19 世纪初期，南方的主要农作物是棉花，如今都被遗弃了。里克特说：“这里是美国最退化的地貌之一。”

他把我们带到森林里一个土壤被挖掘过的地方，在这里我们能看到土壤的剖面。在随行的车队中有许多亚洲学生，包括数个中国学生，他们迫切希望通过这些课程学习如何去解决他们自己国家出现的类似的问题。中国有长期监测的土壤样方，监测时间持续 20 年至 30 年。里克特说：“他们检测土壤以及在各种土壤上的主要农业投入、有机和无机肥料所引起的农作物的变化。”

他指出，南方棉花生产仅过了 150 年，就造成皮德蒙德高原南部地区 8 英寸（20.32 厘米）深的表层土被侵蚀。这里的原生森林正在恢复原状，如同美国东北部地区一样。目前这个地区土壤中的某些有机物质正在恢复，但仍然缺乏许多重要的营养物质，包括氮和磷。

氮和磷仍然是农业生产中两种最重要的肥料。尽管大多数农作物对磷的需求比对氮的需求要少得多，但如果你希望农作物生长茁壮，那么混合肥料中加入较少量的磷是至关重要的。氮可以人工制造，而磷必须通过开采才能获得，且开采过程是令人厌恶的。

美国大部分的磷产于佛罗里达中西部地区，且大部分磷来自皮斯河平台的伯恩谷，这里是世界上矿物质最丰富的地区之一。当矿工把含磷的矿石挖出地面，粉碎矿石并投入酸性湖泊进行处理时，从上面看就像是彩虹色的火山。在酸性湖泊中，矿石被分解成石膏，形成类似火山的圆锥体和发亮的绿色酸性液体。当那些液体形成干的矿物质后，农民就利用它为农作物施肥。

磷的开采面临的问题是这些圆锥体发生偶然性的破裂导致含磷物质泄漏至皮斯河和爱拉斐尔河，并随着水流进入夏洛特港或坦帕湾。在这里，磷的富集导致赤潮出现，最终耗尽水中的氧气导致鱼类窒息死亡。

里克特说："如果你了解世界化肥的库存量，你将会发现磷的补给最有限。根据我们已知的磷储存量估计，剩余储存量大概仅够我们使用50~100年。许多生态系统的发展受到磷的限制，然而目前大量的地表水却被磷污染。磷在农业用地的使用量仅次于氮，它是玉米、棉花、水稻、小麦和其他农作物生长所需要的关键资源。缺少磷，这些农作物将无法发挥其生长潜能。"

氮仍然是目前存在的最大问题，这不是因为缺乏氮，而是我们的土壤中含氮过量。卡里生态系统研究所的威廉·施莱辛格告诉我："自从第二次世界大战以来，氮肥使土壤中氮的数量增加了两倍，极大地改变了地球上的化学环境而影响了许多物种的进化。"

第一次世界大战前，德国科学家发明的哈柏法实现了人工制氮。他以氮气和氢气为原料，利用高温和极高压，在各种催化剂的作用下制造出氨（一种普通的无机肥料）。这个过程需要消耗大量电流，可能会造成环境污染。

排放的含氮气体随风漂移，落到田地里，促进某些种类生长的同时也导致其他植物的消亡，进而减少物种的数量。这种情况就发生在密西西比河河谷农场，这是从东北方向漂来的含氮气体造成的结果。据施莱辛格所说，这个过程还造成了类似20世纪80年代和90年代出现的酸雨，当时主要由于发电厂排放的硫形成的硫酸与雨水混合形成酸雨。目前的问题是排放的氮氧化物与雨水混合产生了硝酸。

目前，杜克大学生物学家里克特和洛桑研究所正在合作开展一个项目，目的在于比较无机氮肥和有机肥料增加土壤肥力的效果。无机肥料中高氮造成土壤酸化的能力远远超过酸雨，累积效应可能给土壤造成灾难性的后果。

回到杜克大学校园里，当里克特从办公室外一大堆齐胸高的抽屉中打开一个抽屉时，脸上露出自豪的笑容。抽屉里装满了250毫升的广口瓶，每个瓶子装满了采自南卡罗来纳州的卡尔霍恩实验森林中的土壤。虽然这些样品数量无法与洛桑研究所里的样本档案数量相提并论，但它仍然代表着他所在系的学生和研究人员以及美国林务局的苦心工作，他们在过去60年里一直在寻找改良土壤的方法，这与杜克大学致力于卡尔霍恩土壤研究的时间一致。里克特试图建立一个全球性的长期土壤研究数据库，而这项研究正是数据库的一部分。

里克特给我展示了来自1963年的一个样品。他拿起样品靠近灯光，炫耀着它的栗棕色。里克特说："1962年，赫鲁晓夫和肯尼迪正在就禁止核试验条约进行谈判，旨在停止以制造核武器为目的的大气层核试验。在那些年你能看到土壤中的放射性物质 C^{14} 的浓度达到最高值。"

他所谓的"碳炸弹"最初被放在一系列密闭的酒瓶里。用于酿酒的葡萄会通过光合作用"吞掉"放射性气体并在酿酒过程中将其固定。据里克特所说，它不会直接造成损害，但它却给科学家提供一个小的"放射性核素"，可以利用它来确定土壤如何随着时间的推移构造和改变有机物质。

新的空间

一周后，哥伦比亚大学助理研究员安杰利卡·帕斯夸利尼，一位时尚的意大利人，带着我和她的电脑外加放在她的时尚背包中的两双鞋子前往里吉斯高中的屋顶。这所学校位于曼哈顿东 84 街，是一所天主教男子学校。此行的目的是展示学校如何利用屋顶发展农业空间。建筑物顶部种植耐旱性植物的托盘为学校提供了天然的隔热层，能够减少使用供暖设备和空调的费用。如果把城市里十亿平方英尺（92,903,040 平方米）的屋顶空间转换成绿色屋顶，将可能避免超过一百亿加仑（454.6 亿升）的水从城市污水管道系统流失。帕斯夸利尼说："绿色屋顶有助于减少雨水的流失。"它还提供廉价的隔离层和蜜蜂筑巢的空间。

在同一屋檐的一个角落里，一名当地养蜂人乔安妮·托马斯检查她的养蜂房，想看看她的花卉育种者如何工作。曼哈顿的屋顶似乎正在变绿。她的蜜蜂依靠住宅区层顶上的花的花粉就能健康生活。它们还给街边和中央公园附近的当地植物授粉。

在布鲁克林的一个石材工业建筑的屋顶上，一个被称为哥谭之绿的小型城市农场提供了一个由绿色叶子、红色叶子和波士顿莴苣以及瑞士甜菜、白菜、芝麻菜、罗勒组成的绿洲。将纽约屋顶转变成迷你农场能够提供更多开放的土地空间，一种正急剧减少的好东西。

迪克逊·戴波米亚是哥伦比亚大学一名教授，也是《垂直农场：供养 21 世纪的世界》的作者。后来在他的办公室里，他告诉我，在纽约和世界其他城市，废弃的摩天大楼可以作为开放空间的替代选择。尤其在美国中西部地区的城市更是如此，城市迁移和经济不景气使得许多高楼大厦空置。据戴波米亚所说，这些建筑物可以作为温室保护农作物免受气候的影响，宽敞的窗口能够提供足够光线，甚至在种植和收割时可以通过电梯上下搬运农作物。

粮食、水果和蔬菜是未来农业发展的一个重要组成部分，但是肉呢？在美国，用于饲养七十亿家畜的粮食是整个美国人口消费粮食总量的 5 倍。换句话说，每一个美国人拥有一只牛、一只猪、一只羔羊或山羊，它们所吃的粮食是我们的 5 倍。如果我们多吃一些粮食少吃些肉，将有助于缓解我们正在面临的粮食短缺现状。但是粮食短缺并不是畜牧业产生的唯一问题。

2006 年，联合国粮食和农业组织提交了一份报告《牲畜长影：环境问题与选项》，报告强调牲畜饲养比汽车尾气产生更多的温室气体。它也是造成土地和水资源退化的主要原因。如果包括利用土壤时的排放物，那么在人类活动所产生的二氧化碳中，9% 的二氧化碳来自牲畜。而在人类活动产生的一氧化二氮和甲烷中，65% 的一氧化二氮和 37% 的甲烷来自牲畜，它们是比二氧化碳影响更大的温室气体。牲畜还贡献了氨总量的 64%，而氨是导致酸雨的主要污染物。目前牲畜利用的空间占地球整个陆地表面积的 30%，也是导致南美洲地区森林遭受砍伐的主要原因。

但随着国家发展和生活水平的提高，人们都想尝尝肉的滋味，这是加入中产阶级的一种象征性奖励。然而，如果在获取知识与财富的过程中，人们的食欲转向了牛肉，这可能会抵消在发展中国家实施晚育政策所带来的优势。

濒危的土壤

人类面临的最大挑战可能仍是寻找足够的土壤：它正在被我们耗尽。如果人口不稳定，我们就没有足够的土壤种植粮食或饲养足够的牲畜。加州大学伯克利分校的土壤学教授罗纳德·阿蒙森同意杜克大学里克特的观点，他认为土壤是地球生物圈的关键组成部分，但它们正在被农业生产和城市化快速改变。这并不是一件小事。阿蒙森说："在过去的几百年里，人类对地表的影响与最后一次冰河时代所造成的影响一样大。"土壤类型的形成取决于气候、地质和地形的相互作用。美国有 2 万种土壤类型，但目前它们的自然面积严重减少，面临枯竭。阿蒙森认为，当土壤面积减少 50% 代表濒危状态，减少 90% 代表灭绝。他曾写信告诉我：“目前，美国许多类型的土壤正处于濒危状态，一小部分类型的土壤已经灭绝。”

某些科学家认为当发展中国家把他们的公民送去学校时就意味着人口增长的停止，但许多科学家认为人口将持续快速增长更长时间。

根据加州大学伯克利分校的安东尼·巴诺斯基所说：“以目前地球上生活的 70 亿人计算，我们需要以某种方式或另一种方式利用地球上 43% 的土地用于农业生产；当世界人口达到 80 亿时，我们需要利用地球上 50% 的土地用于农业生产；当世界人口达到 90 亿时，可能有 60% 的土地用于农业生产。但请记住，并不是所有土地创造的价值都是一样的，我们已经利用了 43% 的最好土地，随着人口的增长将会带来一些巨大的问题。”

很多战争目的都是为了争夺食物和种植粮食的空间。美国独立战争的爆发起因于与英国在茶叶上的纠纷。当时英国正与法国作战，目的是为了争夺糖资源丰富的牙买加的控制权。15 世纪末，威尼斯和意大利北部城市菲拉拉为争夺盐税的控制权而爆发战争（盐之战）。

在贾雷德·戴蒙德所著的《崩溃：社会如何选择失败或成功》一书中，他主张 1994 年发生的 80 万卢旺达人的种族灭绝和屠杀事件不仅仅是由于种族歧视，也是由于人口过多无法解决温饱而引起的。他们的土地经过多次的分割和再分割，最终导致剩余的土地面积太小难以养活他们自己。未来我们可能也会面临类似的状况。

饥饿会削弱人的身体和精神。我们正在改变的地貌和我们正在消灭的物种将会在我们抵抗疾病的过程中产生毁灭性的影响，这也是我们将面对的下一个挑战。

第六章

警示信号 II：我们的身体

当人类的农业生产导致植物和动物的生物多样性下降时，其中一个无法预料的后果是导致疾病发生率的增加。在过去的半个世纪里，世界各地爆发了许多新的疾病，人类才开始意识到自身在这些疾病发生过程中的角色。本地物种的减少导致各种疾病传播者的减少，从而降低物种的稀释效应。某些物种比其他物种能更有效地传播疾病，传播效率较低的物种能够降低新疾病的威胁。另一方面，我们发现畜牧业生产导致耐抗生素病菌的出现，从而降低我们治疗疾病的能力。

关于这一威胁的主要案例出现在关于 YU.G. 先生(卫生部门用姓名的第一个字母来描述患者)的新闻报道。YU.G. 是一名仓库保管员，在 20 世纪 70 年代，曾住在苏丹南部恩扎拉镇的一家棉纺织工厂里。他是一个喜欢安静、独居的人。他在棉花工厂后面的一张桌子上工作，四周堆满了布料。蝙蝠栖息在桌子附近的天花板上，许多人怀疑这有可能是导致他患病的原因，但没有人能证明它们之间的联系。

直到 1976 年 7 月 6 日，YU.G. 才闻名于世，当时他进入休克状态，最后七孔流血而死。他从未去医院治疗。他是苏丹埃博拉病毒的第一个病例，即“指示病例”。在他死后的几天，与 YU.G. 共用办公室的其他两名工人也患上此病。他们进入休克状态，开始大量出血，最终死亡。

不幸的是死亡同事中一个名叫 P.G. 的人，他的社交圈比 YU.G. 更广。他不仅有朋友还有几个情人。疾病经过他之后传播得更快了。埃博拉病毒经过十六代传染，杀死了许多宿主，席卷了整个恩扎拉镇，随后向东扩散至马里迪镇。在马里迪镇的一所医院里，疾病首先在病患间传播，最后传播到医务人员。他们中一些人患病，其他人感到越来越恐慌，最后逃离了医院。世界卫生组织向当地派遣了一支调查队伍，他们发现医务人员的逃离反而是一件值得庆幸的事，因为他们一直在使用被感染的针头为病人注射，在毫不知情的情况下传播了疾病。一旦及时制止这种行为，疾病的传播将会减弱。

埃博拉的死亡率非常高。1976 年，苏丹有 284 人患埃博拉出血热病，其中 151 人（53%）死亡。同年，扎伊尔有 318 人感染埃博拉病毒，其中 280 人（88%）死亡。2007 年，在最近爆发的埃博拉病毒事件中，264 人被感染，其中 187 人（71%）死亡。2012 年，在乌干达和刚果也发现埃博拉病毒。由于埃博拉病毒通过血液传播，它的传染性不同于普通感冒，后者通过空气进行传播。埃博拉病毒能迅速杀死患者以至患者没有机会传播病毒。非长时间的身体接触不会导致埃博拉病毒的传播。

最近埃博拉病毒再次爆发，席卷整个西非地区。在塞拉利昂的凯内马，政府试图将患者隔离在当地的医院。但太多的患者和医务人员死在医院，导致一些患者相继逃离回家，医院之所以被遗弃是因为他们感到医院就是一个死亡陷阱。然而这种行为无疑只会加快病毒的传播，使国际社会控制病毒传播的努力功亏一篑。

一些受感染的医务人员和传教士被运送回国，但依然被隔离看护。在我们的书即将出版的时候，埃博拉病毒已经夺去了将近 1,000 人的性命，这是迄今为止最严重的疫情。然而，与疟疾和艾滋病在非洲造成的死亡人数相比，这并不算多，但它再次提醒我们严重的疾病是如何突然重现的。

某些科学家相信这种疾病可能是由猴子传染给人类的。这种病毒的首次爆发出现在一群用于研究的猴子中。1967 年，一群非洲绿猴被送到德国马尔堡市一个名叫贝林工厂的地方，在那里它们作为实验动物用来生产疫苗。那群猴子中的某些个体原来是来自维多利亚湖的群岛。流行病学家相信艾滋病的病毒也可能来自相同地域的猴子。据卡里生态系统研究所的疾病生态学家理查德 · S. 奥斯特费尔德所说，在影响人类的传染性疾病中，大约 60% 是“人畜共患”，这意味着这些病菌存在于动物体内，动物是疾病的宿主。但如今，随着新的人类疾病的出现，“人畜共患”的比例增加至 75%。

当我们破坏自然栖息地并导致陆地的生物多样性减少时，就会增加疾病暴发的风险。奥斯特费尔德告诉我：“以肉为目的的狩猎显然是最初导致艾滋病病毒 / 艾滋病、埃博拉病毒和许多其他病毒暴发的原因。”随着动物数量的减少，剩余的动物成为大部分疾病的宿主。奥斯特费尔德说：“道理似乎是一样的：当生物多样性丧失时，种群兴旺的野生动物种类也是病原体最好的宿主。”

许多致命的疾病暴发的风险，包括埃博拉、严重急性呼吸系统综合征（SARS）、中东呼吸综合征（MERS）和其他疾病，都与环境的破坏有关。奥斯特费尔德通过研究莱姆病发现，新英格兰啮齿动物种群是莱姆病传染循环中关键的组成部分，正如它们在猴痘病毒、汉坦病毒和以蜱传播的病毒性脑炎一样。

奥斯特费尔德说：“三十年前，这些疾病并不存在于我们的地球上，如今这些疾病出现并扩散。当人类活动导致栖息地的破碎化和物种多样性的降低，人类感染这些疾病的概率随之增加。”他相信通过研究这些疾病的生态系统能让我们更好地了解其他疾病的生态系统。

更广泛的不同动物种类意味着疾病的影响被稀释。动物种类越多，疾病的寄主也越多，其中一些寄主的疾病传播效率较低，因此能够稀释疾病总的影响效应。生物多样性也允许存在更多的捕食者，从而降低疾病寄主的种群数量。

关于如何控制疾病暴发，奥斯特费尔德认为科学家有时急于下结论以至于做出不恰当的决策。他以非典为例，非典是一种严重的肺炎疾病，当时被医学界误判为一种传染疾病。2003 年，世界卫生组织（WHO）的医生卡洛·乌尔巴尼博士首次在一名 48 岁的商人身上鉴定出非典病毒。当时这个商人正从中国飞往越南，途经中国香港转机。此时非典已经开始在中国广东省出现并四处蔓延。这个商人获准被送到河内由法国人开设的医院进行治疗，可惜病情恶化，不治身亡。乌尔巴尼博士帮助鉴定出非典病毒，并就非典病毒的严重性向世界发出警告。可惜就在发现病毒的几周后，他也不幸感染非典病毒而身亡。非典在得到有效控制之前，在世界范围内超过 8,000 人受感染，其中造成 774 人死亡。

非典爆发伊始，科学家很快发现这可能是一种能够通过动物传染给人类的病毒。来自中国香港大学的研究人员对来自中国南方活禽市场中的 8 种动物共 25 个个体进行了检测，并在检测的所有 6 只果子狸、1 只獾和 1 只浣熊身上发现类似非典的病毒。果子狸是一种小型猫科动物，原产于亚洲和非洲的热带森林。它有一个突出的鼻子，像水獭。“灵猫”这个词用于代表十几种不同的哺乳动物。

卫生局迅速采取措施，销毁了市场上所有销售的果子狸。奥斯特费尔德告诉我：“果子狸并不是真正的罪魁祸首，真正的元凶是果蝠。”果蝠某些习性很像狗，它们可能用尿液和粪便污染了果子狸生活的区域，果子狸极不可能是把病毒传给人类的源头。两项关于非典的研究证实了蝙蝠才是疾病的真正宿主。

另一个误判的例子发生在卫生部门调查牛肺结核病。这种病影响牲畜并给肉制品和奶制品带来巨大的金融风险。卫生部门发现牲畜染病的其中一个途径是与獾接触。在欧洲和英国，研究表明獾是一种自然宿主。因此，官员们开始捕杀獾。奥斯特费尔德说：“他们仅发现獾是一种聚集生活的高度群居性动物。但如果你们破坏了它们的生存环境，它们将会分散生活，开始到处游荡，最终增加它们与牛接触的机会。”

据奥斯特费尔德所说，当一种疾病暴发时，政府部门的首要反应是快速动员并找出病原体是什么。但如果他们试图找出病源，这就超出他们的能力范围了。他认为仅仅鉴定出最显著的参与者，如病原体和一种或两种宿主，是不足以找出病源的。这些只是更大角色表的一部分。缺乏对疾病生态学的全面了解，某些治疗对策可能会导致疾病向更大范围蔓延。果蝠是亨德拉病毒的宿主，这种病毒能引起一种严重的呼吸和神经系统疾病，人们在澳大利亚布里斯班郊区的马和人身上发现了这种病毒。人们采取的策略是砍倒树木驱赶或杀死蝙蝠。但是当蝙蝠无法获得充足的食物或者受到打扰，它们的免疫反应下降，容易感染更多的病毒。这个例子说明当我们为了实现某个目的而改变自然“地貌”——与最初让这“地貌”进化出来的目的不同——时所面对的后果。

临界数量和人群疾病

农业时代的出现中断了自然演变的进程。正如我们前面所讨论的，农业通过增加粮食产量改变我们的生活，但同时也增加了患传染性疾病的机会。随着人类种植更多的粮食，他能够拥有更大的家庭。人口的增加带来更多的垃圾和污水。农场动物的增加会招来更多的老鼠和一些体内携带许多严重疾病(如斑疹伤寒和黑死病)的生物。

普遍认为需要一定数量的彼此密切接触的人，疾病才得以传播。临界数量是疾病达到最佳毒性和传染性所需要的人口的最小数量。对于麻疹而言，临界数量是五十万人。在农业时代到来之前，人们生活在小的群体中，以狩猎为生，这时候不可能暴发麻疹。此时水痘更容易从猎人转移到农民，因为它的临界数量仅为 100 人。

首先，相对于狩猎采集者而言，传染性疾病对农民来说是更大的问题。但是缓慢的演变选择了那些对疾病暴发有更好免疫效应的农民。农民进入人口稠密地区销售他们的商品的同时，也把这些旧世界的免疫效应传递给了城市居民。而美洲和非洲的狩猎采集者始终只能产生较少的用于应对人群疾病所需要的免疫效应；他们不具有如此密集的人群。

在非洲，某些人甚至试图发展免疫力以抵御疟疾感染，而疟疾并不是一种人群疾病。它通过为产卵而吸血的雌按蚊在人类中传播。虽然看上去像非洲人的神佑，但对疟疾的免疫力需要付出很大的代价。众所周知的一个例子就是镰状细胞性贫血，它本身是一种非常严重的疾病。每年约有 25 万新生儿患有此病。镰状细胞性贫血是一种遗传病。患者的红细胞形态异常，它可能堵住血管从而导致全身氧气输送困难。虽然它可以治愈，但它是一种慢性病。相对于其他地区而言，镰状细胞性贫血对非洲人的影响更大，尽管他们在这鱼与熊掌的二择中得到了对恶性疟疾的抗性——科学家们追寻了数百年的答案。根据世界卫生组织的报告，2012 年疟疾造成约 627,000 人的死亡，大部分发生在非洲儿童中。

当哥伦布和其他探险家将旧大陆和新大陆联系在一起时，还不存在疫苗，新大陆几无防备。美国印第安人以及澳大利亚土著居民、波利尼亚西人和许多岛屿居民从未遇到过随旧大陆入侵者一同到来的陌生的人群疾病，原住居民对此没有任何的自然防御能力。

美洲的印第安人是约一万五千年前从东亚迁至美洲的，此时并未出现农业和人群疾病。因此，这些印第安人没有任何的抵抗力，他们迁移的地方，美洲，人口稀少，以至于他们无法形成应对人群疾病的免疫力。这些首批到达美洲的旅行者穿越了西伯利亚和阿拉斯加到达他们的目的地，留下了诸如疟疾这样的热带虫媒疾病。

迈克尔·格莱格博士是《禽流感：我们自身孵化的病毒》一书的作者，他认为在征服者到来之前，像天花这样的旧大陆疾病从未出现在美洲大陆，其中真正的原因是新大陆很少驯养某些动物。最后的冰河时代，新大陆的猎人停止了饲养大多数容易驯养的动物，如美国骆驼和马，给土著居民留下的是肉食品种，如美洲驼和豚鼠，而这些动物都不是携带人类致命疾病的好载体。

当旧大陆的探险家开始频繁接触新大陆的原住民时，这些选择压力给餐桌带来的巨大差异变得越来越明显。欧洲人的疾病，如天花、百日咳、麻疹、白喉、麻风病和黑死病开始攻击美洲印第安人尚未准备好的免疫系统，并造成了毁灭性的结果。

在热带地区，传染病致病原增加了疟疾和黄热病，据估计，仅仅在几个世纪里，原住民的人口数量就减少了 90% 或更多。通过引进旧大陆疾病，赫尔南·科尔特斯征服了阿兹特克人，弗朗西斯科·皮萨罗征服了印加人。

随欧洲人而来

西欧人进入亚马孙，疾病也随之而来。1542 年，西班牙探险家法兰西斯科·德·奥雷亚纳和他的队员沿安第斯山脉的东侧向下进入亚马孙河，目的是为寻找埃尔多拉多——神秘的黄金城。他的探险队发现了村庄、城镇和发达的社会，这些社会有农业、典礼仪式和精心建造的木质结构建筑。他们报道称一天内经过二十个村庄和一个延伸 5 里格的殖民地，1 里格是 1 个人或 1 匹马在 1 个小时内行走的距离。

但是，由于缺乏黄金、部落的敌对（他们经常以毒箭来“招待”西班牙船只）以及亚马孙河本身的“叛逆”使奥雷亚纳的探险队十分窘迫。到准备进一步探险的时候，奥雷亚纳曾见到的稠密人口已不复存在。在 1500 年，大约有 500 万人口曾经生活在亚马孙河地区，但是到 1900 年，人口数量减少到 100 万，到 20 世纪 80 年代初期，人口数量不足 20 万。最近的考古证据也支持奥雷亚纳对稠密人口的描述。科学家相信也许伴随奥雷亚纳的探险所带来的疾病扩散至整个亚马孙河流域，正如在其他地方一样，疾病给亚马孙古代文化造成毁灭性的破坏。

如果美洲的印第安人不受旧大陆流行病的影响，他们将能更好地适应欧洲的军事策略，征服者在入侵的过程中将面临更大的困难。

在南美洲，旧大陆疾病的影响趋势从开始引入一直持续到近代。1967 年，在巴西靠近委内瑞拉北部边境的一个以亚诺玛米印第安人为主的村庄里，一位传教士的 2 岁女儿染上了麻疹，此后全村 150 个印第安人，无论是年轻的还是年老的全部染上这种疾病，尽管传教士竭尽全力，仍有十分之一的人死亡。

第一次接触通常是最致命的，在第一个 5 年里，导致 1/3 ~ 1/2 的新大陆原住民死亡。1980 年，800 名巴西苏鲁族印第安人接触病毒，到 1986 年，有 600 人死亡，其中大部分死于肺结核。正如查尔斯·达尔文所说："任何被欧洲人踏上的地方，土著居民似乎都会被死亡追猎。"

转向非洲

然而，当西欧人试图征服撒哈拉以南的非洲地区时，探险家们感染了疾病，而不是土著居民。在 15 世纪以前，欧洲人并没有真正去尝试探索非洲大陆，与此同时他们发现了美洲大陆。大约在 1500 年，葡萄牙国王派遣了由八人组成的探险队沿着冈比亚河而上，他们是其中一支首次探险非洲的远征队，但只有一人活着回来。

欧洲人只在沿海前哨或沿海岛屿上购买奴隶。深入丛林面临太多的危险，这些危险来自土著人的伏击、毒蛇和疾病。驻扎在黄金海岸的英国士兵在不到一年的时间里可能损失了一半人。阿拉伯或拥有部分非洲血统的奴隶贩子似乎受到的影响较小。一名苏格兰探险家蒙戈·帕克于 1805 年带领由 45 名欧洲人组成的队伍进行第二次非洲探索。当他们到达尼日尔时仅有 11 人仍然活着。一位著名的英国医学传教士大卫·利文斯通博士坚持了一段时间后最终因为感染疟疾而死亡，他的妻子也是如此。

奎宁是一种利用南美洲金鸡纳树提取物研制而成的药物。这种药在 20 世纪初被作为治疗疟疾的解药。同时通过控制蚊子有助于防止疟疾和黄热病的传播，同样通过控制采采蝇有助于防止昏睡病的传播。随着对这些潜在杀手的控制，欧洲国家冒险进入非洲并迅速征服了几乎整个非洲大陆。

非洲大陆并没有成为另一个美洲大陆。欧洲人也没有取代非洲人，虽然欧洲人为了控制非洲，当地人必须灭亡，但非洲人并没有像美国印第安人一样灭亡。热带疾病的影响力超过欧洲人带来的事物。非洲人对这些热带疾病具有某些选择性的抵抗力，而欧洲人却没有。

抵抗力在新疾病面前特别不可靠。我们的目光转回卡里研究院，生物学家理查德·S. 奥斯特费尔德站在一片新英格兰森林里，手里拿着一只白足鼠。我和奥斯特费尔德都穿着白色连衣工作服，戴着乳胶手套。昨晚设置的陷阱捕捉到一只活生生的老鼠。奥斯特费尔德用食指拨弄老鼠的背毛，在它的皮肤上发现几只蜱虫。现在是春季，我们四周的森林到处是高大乔木，长满翠绿的树叶，森林中还有许多蜱虫。他小心翼翼地把一只蜱虫从老鼠身上扯下来并拿给我看，他告诉我："如果蜱虫咬了你，你将会有 40% ~ 45% 的概率感染莱姆病。"我被吓得赶快后退。

奥斯特费尔德是研究所里的资深科学家，他性格沉稳且一丝不苟，20 年来一直致力于莱姆病的研究。达奇斯县和其他四个位于哈德孙山谷中部的县是全国莱姆病发病率最高的地方。

奥斯特费尔德和卡里研究所的其他同事正在调查莱姆病、西尼罗河病毒和最近在美国激增的类似病毒周围的生态系统，这些病毒主要通过蜱虫和其他昆虫传播给它们的动物宿主。最近他们发现传播莱姆病毒的黑腿蜱虫也能让人感染博瓦森病毒性脑炎，这种病毒能破坏人的中枢神经系统，从而使人染上脑炎。在所报道的 15 个病例中，有 10 名患者死亡。而令人担忧的事情是，这种脑炎病毒并非像莱姆病和其他由黑腿蜱虫携带的疾病那样，扁虱附着在受害者身上后需要几个小时来传播病毒，脑炎病毒和它的变体仅仅需要十五分钟就能完成传播过程。这使得清除蜱虫的时间极其有限，因此，在蜱虫出没的环境中要保持高度的警惕。

对于在东北部常在野外活动的人来说清除蜱虫已经成为一项关键工作。1975 年，位于美国康涅狄格州的莱姆镇首次报道了莱姆病。奥斯特费尔德说："在 2012 年，所报告的病例数高达 30,841 例，但疾病控制中心（CDC）最近估计，所报告的病例数仅占实际病例数的 10%，因此，每年患莱姆病的病例很可能超过 300,000 例。"这样的统计结果使得一些徒步旅行者在周末只能待在家里的沙发上，一种不太健康的替代生活方式。

大部分病例发生在东北部和中西部，但在太平洋海岸线以及其他地方已经有许多案例报道。如果在早期阶段被诊断出来，就能够使用抗生素来治愈莱姆病。它开始时就像是流感，有时会被患者所忽视，但最后的结果可能很严重。疾病控制中心声称，如果没有及时治疗，莱姆病可能会影响关节、心脏和神经系统，从而引起疼痛，造成面部肌肉瘫痪以及四肢的神经受损。

在卡里研究所的实验室里，奥斯特费尔德给我展示了一张关于“伯氏疏螺旋体”的幻灯片，这个细菌有细长螺旋状的身体，能引起莱姆病和该病所有症状。某些蜱虫会携带这样的细菌，尽管它们不是与生俱来的。当蜱虫叮咬一只受感染的老鼠或者花栗鼠时就会染上这些细菌，而当人类被受感染的蜱虫叮咬时也就会染上这些细菌。

携带莱姆病细菌的黑腿蜱虫（肩突硬蜱）隐藏在这些森林里。在它们短短两年的生命周期中，会经历 3 个阶段，即幼虫、蛹和成虫，每个阶段至少需要一顿好的血液大餐才能转向下一个阶段。正是在这些过程中蜱虫才会感染和传播疾病。

奥斯特费尔德于 1990 年进入卡里研究所工作，此前他主要从事在研究像田鼠这样小型哺乳动物的行为和进化生态学，这些动物通常会经历定期性剧烈的种群波动。此后，这位生物学家开始研究莱姆病、黑腿蜱虫、蜱虫的动物宿主以及它们周围的森林，希望了解与莱姆病有关的所有因素是如何运作的。奥斯特费尔德和他的同事很快意识到他所在小型哺乳动物上证实的种群兴衰以及森林本身的兴衰在传染性疾病的传播上起着重要的作用。

这个循环可能开始于某一年中橡树结满了大量的橡子。由于橡子是一种高营养、持久性的食物资源，它们会导致下一年百足鼠和东部花栗鼠的种群暴发。这些小型哺乳动物是黑腿蜱虫的首选宿主。但蜱虫开始将疾病传染给人类之前还必须经过几个阶段，这意味着在橡子丰收后的两年时间里是感染莱姆病风险最高的时期。这是一个复杂的过程。

虽然我们能够理解生活在新英格兰、美国中部濒临大西洋各洲以及中西部地区的人们害怕感染莱姆病，但许多人却利用它作为远离森林的借口。关于莱姆病的新闻报道让人们相信现在的蜱虫比以前要多得多，并且莱姆病是通过鹿携带的蜱虫传染的。这样的观点导致东北部不同地区鹿的种群数量急剧减少。虽然奥斯特费尔德声称：作为携带者，鹿不如啮齿动物重要，但黑腿蜱虫有时也被称为鹿蜱。

奥斯特费尔德发现，当鹿因被捕杀而数量减少或被围栏阻拦在外时，疾病的传播率竟然在接下来的几年时间里增加了。这是因为鹿不大可能把螺旋菌感染转移给叮咬它的蜱虫；它们对于蜱虫来说是很好的宿主，但对于莱姆病却不是。小型哺乳动物更容易将传染病转移给蜱虫。由于鹿是携带莱姆病菌的蜱虫所厌恶的宿主，这反而有助于保护人类免于莱姆病的感染。奥斯特费尔德说："所以鹿的消失，至少在最初阶段让它们无法充当降低蜱虫传染力的保护伞。"

他告诉我在新的疾病发生时，生态学家在申请快速应急资金时通常会被拒绝，且常常会被排除在第一应急小队之外。另外，这些资金似乎更多被用于奥斯特费尔德所称的"每月疾病"中。用于非典和西尼罗河病毒研究的资助经费在这些最严重的疾病暴发后的一年或两年里达到顶峰。奥斯特费尔德说道："讽刺的是，对于那些已熟知的疾病的研究让我们很好地了解疾病系统是如何起作用的。我们不应该放弃这些深入细致的研究，它们能更好地帮助我们理解基本的疾病过程。"

在奥斯特费尔德的研究过程中，他已经对莱姆病有了大量的了解。他知道在一个被公路和住宅区分割的破碎化森林中行走比在广阔的原始森林中行走更危险。他也知道森林里的负鼠、松鼠和狐狸越多，感染莱姆病的概率就越小，并且他怀疑相同的情况也发生在老鹰、猫头鹰和鼹鼠身上。他现在的关注点是确定产生这些现象的原因，这也是他的课题的主要部分。

正如我们所说，森林的破碎化加速了疾病的传播。当大面积的、连续的森林被公路、农业、城市化或者其他人类发展活动分割成较小的斑块，将导致依赖栖息地的动物和植物所能利用的区域面积减小。某些生物，像食肉动物和大型动物，需要大的区域来维持有效存活种群。对于某些扩散能力弱的动物来说，商业区和市郊的发展是一个难以逾越的鸿沟，最终导致物种的灭绝。最适应生活在破碎化森林中的物种，如老鼠和金花鼠等，常常是唯一存活的物种，并且这些都是传播疾病的坏家伙。

奥斯特费尔德告诉我，如果那天被我们发现之前附着在老鼠身上的蜱虫叮咬了我，我被感染莱姆病的概率至少是 40%。但是，如果我们在临近波基普西镇附近的一片空旷林地被蜱虫叮咬，患病的概率将达到 70% 或 80%。小块林地代表着森林破碎化，波基普西镇有许多这样的林地。

为了验证奥斯特费尔德的理论，即森林破碎化导致疾病的增加，他和许多生物学家选择了 14 个森林斑块，这些斑块拥有相同的植被类型，但与其他适合莱姆病宿主的栖息地相隔离。他们发现森林斑块面积越大，黑腿蜱虫感染疾病的比例越小。

在中西部地区，位于玉米和大豆中间的大片乔木就像是海洋中的岛屿。玉米和大豆扮演海洋的角色，因为它们不适合本地的动物生活，且形成屏障阻止本地物种的扩散，这非常像海洋对岛屿动物的屏障作用。因此，玉米和大豆等农作物阻止许多较大型的森林动物在此生活，而像老鼠和花栗鼠这样的小型哺乳动物却能在这里生活。总的来说，小块林地的物种较少，但这里的动物却是疾病增强器。奥斯特费尔德发现，树木茂盛区域面积越大，那里感染疾病的黑腿蜱虫的比例就越少。但在较小的林地里，被感染疾病的蜱虫比例却极大。

人们认为位于玉米地中宁静的森林斑块可能是疾病的预兆，这种想法并不吉利。但我们一直依赖的用于治疗那些疾病的抗生素可能无法给我们更长时间的保护也是事实。

超级病菌的出现

抗生素的抗性发展得太快以至于不久后我们可能无法应对我们正在“培育”的新疾病。药物失效是由于农民在饲养猪、鸡和牲畜的饲料中添加了抗生素，目的是为了避免它们在狭窄饲养空间的拥挤条件下感染疾病。如此操作导致了超级细菌的产生，并且它们已经适应抗生素而产生了免疫力。

抗生素耐药性通常在你的医生没给你开够足以治愈疾病的剂量或你没服完整个疗程的药时出现。在这个过程中，疾病变得更强大，并且受后续药物治疗的影响更少。首次治疗存活的细菌不断繁殖，并对下一次治疗产生耐药性。

但是，抗生素的耐药性也可能来自我们取食曾经接受抗生素治疗的动物的肉。在狭窄的饲养空间中，疾病是一个特殊的问题，在这样的空间里动物始终保持近距离接触，养肥后在市场上销售。将抗生素加入动物饲料意味着减少疾病的威胁，促进动物的生长。但某些科学家发现我们体内抗生素耐药性的增加部分来自我们取食的被抗生素污染的动物产品。

给我们的牲畜、鸡和猪喂食低剂量的抗生素会引起我们自身对药物的耐药性。现实中，无法监控的低剂量药物甚至会选择我们所吃的食物中具有耐药性的细菌菌株。这些细菌存活下来，不断繁殖发展壮大。

人们利用抗生素来弥补围栏里过度拥挤的环境，使得具有抗生素耐药性的细菌从狭窄动物饲养空间扩散到空气中，影响到附近的居民。动物粪肥中的耐药性细菌会被冲洗到河流下游并进入人们游泳和玩耍的水道中。科学家们甚至已经发现在佛罗里达海滩沙地上的海鸥携带了耐药性细菌。

美国食品及药物管理局（FDA）最近宣布了新的规定，督促药品公司和农业综合企业逐步禁止在牲畜和禽畜中使用某些抗生素，但这些规定采取自愿原则。根据奥斯特费尔德的说法，这绝不可能终结抗生素的耐药性。大量的抗生素在没有管理的情况下被用于牲畜饲养，因此，细菌将继续进化发展抗生素的耐药性。

但是，由农场动物产生的耐药性问题并不是我们唯一担心的问题。卡里研究所的水生生态学家艾玛·J. 罗西－马歇尔已经在研究用于个人护理品中的抗菌化学物质如何泄漏到环境中。罗西－马歇尔声称：牙膏和洗手液中的抗生素并没有达到卫生目的，它们实际上和不含抗生素的牙膏或香皂以及清水一样。然而，它们却增加了环境中的抗生素耐药性。

像淋病这样的常见疾病已经对许多普通的抗生素药物产生耐药性，包括青霉素和四环素。并且淋病的传播与农场动物没有任何关系，因为它是靠人与人之间的性行为传播的。根据世界卫生组织报告，在 20 世纪 90 年代末和 21 世纪初，由于抗生素耐药性的发展，在澳大利亚、法国、日本、挪威、瑞典和英国，淋病已经成为主要的健康威胁。如果不加以治疗，淋病能够造成生殖器官感染、不孕症、增加感染艾滋病病毒（HIV）风险、死胎、自发性流产以及新生儿的失明。

最近再次暴发的另一种疾病是肺结核（TB），一种具强劲致命潜力的肺部疾病，且同样对抗生素产生了耐药性。引起肺结核的细菌通过咳嗽和打喷嚏所释放到空气中的小液滴在人与人之间传播。但你最有可能是被与你生活在一起的人感染。这种疾病曾经很少出现在发达国家，但从 20 世纪 80 年代之后，全球肺结核病历数量不断增加。出现这个问题的部分原因在于艾滋病病毒的突现，这个病毒会造成艾滋病（AIDS）。艾滋病病毒能削弱患者的免疫系统使其无法抵抗肺结核病菌。

结核病的患者必须长期服用各种各样的药物来避免感染，同时要应对药物的耐药性。人们发现各种肺结核病菌已经对用于治疗该病的药物产生了耐药性。多药耐药性结核病肆虐俄罗斯监狱系统，那里的囚犯很容易感染这种疾病并传染给其他狱友。肺结核病菌已经对许多药物产生了免疫力，并已经开始在流浪者和艾滋病患者中扩散。

抗药性的影响是严重的和全球性的。估计有 63 万人患有多药耐药性结核病。有 8,800 万人感染淋病，同样出现多药耐药性问题。每年新增

4.48 亿可治愈的性传播疾病（STDs）病例，包括梅毒、衣原体和滴虫病，卫生部门正在关注这些疾病的耐药菌的发展。

物种灭亡引起的药物耐药性和大量新的疾病的出现是否与我们有关呢？一种主要的流行性疾病是如何发生的？1918~1919 年的流感造成 5000 万人的死亡。1968~1969 年中国香港的流感夺走了 100 万人的生命。迄今为止，艾滋病已经夺走了 3,000 万人的生命。目前在非洲，它仍是致命性杀手，主要受害者是异性恋者。根据世界卫生组织报告，2012 年痢疾造成了 627,000 人死亡。现在，结核病正在卷土重来。

迈克尔·格莱格把禽流感作为世界的下一个大灾难。在过去 20 年的大部分时间里，一种禽流感致死毒株已经摧毁了亚洲、欧洲、中东和非洲的鸟类。它导致一半以上受感染鸟类的死亡，某些毒株导致的死亡率更高。同时它也是一种病毒，能够通过咳嗽或打喷嚏经空气传播，就像甲型 H1N1 流感病毒或者任何常见病毒一样。

在一些罕见案例中，禽流感已经从家禽传染给人类，它是曾有记载的最致命的病毒之一。大约 600 人感染了禽流感，其中 350 人死亡，死亡率约 60%。在接受汤姆·哈特曼关于他所著的《禽流感：一种我们自身孵化的病毒》一书的电视采访中，格莱格被问道："如果禽流感病毒发生突变而容易在人与人之间传播，结果会怎样?"格莱格回答说："它将超越最致命疾病'埃博拉'成为目前所知的最具传染性的流感疾病。"

1900 年，造成人类死亡的主要原因是肺结核、肺炎和肠炎。现在，一个多世纪后，造成人类死亡的主要原因是心脏病、癌症和中风。这些慢性病已经取代传染性疾病成为我们最致命的杀手。这并不是一件坏事，因为慢性病通常只影响年龄较大的人。因此，在 20 世纪中传染性疾病的减少使人类的平均寿命增加了 30 年或更长时间。传染性疾病的减少大部分是由于接种疫苗和抗生素的出现。其中最大的受益者是年轻人，他们感染传染病的比例较小。

但是，这个平衡正在发生改变。最近，世界卫生组织的总干事陈冯富珍博士给在瑞士的日内瓦开会的一群专家写信，呼吁专家解决抗生素耐药性问题。陈冯富珍在大会演讲中说道："一些微生物已经对我们用来拯救被感染病人生命的一切药物产生了耐药性，并且很少有新的抗菌剂在研发规划中。由于微生物耐药性导致的药物缺失还没有替代品。我们正进入一个后抗生素时代，在这里普通的传染病将再次成为致命杀手。如果我们失去最有效的抗微生物剂（抗生素、抗真菌药、抗病毒药、抗寄生虫药），我们将失去我们所熟知的现代药物。"

疾病不太可能像瘟疫、第二次世界大战或者艾滋病一样夺取人的性命。但如果你染上了新的疾病，且它们产生了抗生素耐药性，加上人口的增加、食物和适宜营养的缺乏，那时我们就得解决我们自己灭绝的问题。

第七章

警示信号Ⅲ：鱿鱼和抹香鲸

不像新疾病和抗生素耐药性所产生的威胁，我们不得不弄清楚人类的干扰是如何改变海洋环境的。许多改变早已发生。一个著名的例子发生在墨西哥大陆和加利福尼亚半岛之间的加利福尼亚海湾，由于它丰富的海洋资源，这里曾经被人亲切地称作“巴哈鱼陷阱”。然而，过度捕捞、海水酸化和变暖已经改变了这些著名海洋水域的生态。马林鱼、剑鱼和鲨鱼曾经吸引捕捞者在此聚集，但现在它们的数量急剧减少，由洪堡鱿鱼和抹香鲸组成的新生态系统接管了这片海域。

这里仍是一个原始的环境。沿着美国南部边境的墨西哥的 1 号高速公路行驶，你会经过火山、山脉和具刻纹的红岩，且穿过一系列由鞭状圆柱木和大型仙人掌填充的山谷。离边界以南 500 公里，就会到达沿海山脉的顶峰，然后迅速下降至加利福尼亚海湾，来到历史上被法国占领的矿业城镇圣罗萨利亚。墨西哥加利福尼亚海湾形成于 600 万至 1,000 万年前，当时加利福尼亚开始从墨西哥大陆分离，从而产生了地质多样性的半岛和生物多样性的海域。

在近期一次拜访中，夹带着海洋生物咸味的潮湿晚风使圣罗萨利亚镇变得凉爽，此时渔民走向码头和渔船，开始夜间捕捞。来自斯坦福大学霍普金斯海洋研究站的生物学家威廉·吉利是一个有着许多有趣故事的友善的大学教师，由他的学生组成的研究团队驾驶汽车来到海边，并加入了渔民的行列中。那时还是加利福尼亚半岛的九月，公海的金枪鱼、旗鱼和鲨鱼曾经是一年一度的海湾馈赠的礼物，但近年来这些鱼已经减少了。

如今圣罗萨利亚的渔民从事洪堡鱿鱼的捕捞（也是所谓的巨型鱿鱼），它明显替代了加利福尼亚湾海域的许多鱼类。渔民仍像以前一样捕捞，只是在深夜而不是在拂晓出海捕鱼。黄昏时，我看到当地的渔民加入了捕捞的队伍，驾驶 22 英尺（约 7 米）长、尾部装有发动机的敞开的小艇从沙滩出发。当船并排停在离海岸约一英里（1.6 公里）时，海湾的海水由蓝色变为了黑色，他们的有色灯光在夜幕中闪耀。渔民以荧光夹具为诱饵利用手钓来捕捉鱿鱼。

这些小船代表了当地一群日益增加的小规模捕捞的渔民，他们很少依靠现代商业捕鱼所用的硬件设备，仅利用他们的舷外发动机。他们只利用原始设备从并排在海岸上缺乏管理的营地出发到远离加利福尼亚半岛的水域捕鱼。在过去十年里，墨西哥洪堡鱿鱼产业每年能捕捉到 50,000 至 200,000 吨的鱿鱼，它们大部分来自加利福尼亚海湾，然后主要销售到韩国和中国。

洪堡鱿鱼以洪堡洋流命名，该洋流是沿着南美洲西海岸线向北流动的，从智利南端到秘鲁北部。所以，人们认为加利福尼亚半岛的洪堡鱿鱼起源于远离南美洲的太平洋水域，尽管它们是何时到达加利福尼亚湾至今仍然是个谜。在远离南美洲比加拉帕戈斯群岛更北的海域中，海洋记录中几乎没有洪堡鱿鱼的物种记录。

洪堡鱿鱼（*Dosidicus gigas*）不仅入侵到加利福尼亚湾的水域，它们还沿着太平洋海岸向北扩展到阿拉斯加海域，沿着赤道向西往夏威夷群岛扩张。

当有鳍鱼类，如金枪鱼、鲨鱼、旗鱼、剑鱼，在 20 世纪末期开始消失时，这里的鱿鱼似乎占满了留下的生态位空缺。与其他鱼类相比，乌贼有着更短的生命周期，它们的寿命几乎不超过一年半。然而，它们有非常强的繁殖能力，这意味着他们可以从捕捞压力中快速恢复过来，这个能力远远超过繁殖能力弱的有鳍鱼类。但吉利认为，相对于鱿鱼对低含氧量海水的适应能力来说，较强的繁殖能力显得不太重要，低含氧量海水这一新问题可能正在为鱿鱼的领域扩张创造条件。

由于气候变化和海洋环流的减少，海洋中低含氧量海水区域的不断扩大，从而促进了加利福尼亚湾鱿鱼生物量的增长。这些区域不同于农业径流所造成的死亡区域，但这两个因素共同作用时将使影响变得更坏。低含氧量海水能供养的物种种类较少，却也会把这少数能适应它的物种供养得好好的。我们再次看到快速生长快速死亡的一代：一些能够在有毒环境中存活的物种，它们将接管世界或者海洋。

在 19 世纪末期，圣罗萨利亚是一个以铜矿业为主的城镇，这个小镇一直很繁荣，直到 20 世纪 20 年代铜矿耗尽。这里仍然能感受到采矿时期的繁荣景象。埃菲尔铁塔的创造者古斯塔夫 · 埃菲尔，在法国的市中心建造了教堂，然后用船把它运送到这个巴哈小镇，并于 1897 年重新组装了这个教堂，这个教堂是铜矿业繁荣时代的标志。然而，这个小镇依然没有灯光、酒吧或是旅店，你可以在巴亚尔塔港或者阿卡普尔科以南更远的地方找到这些。

当人们能够利用更新的技术开采老的矿床时，圣罗萨利亚最近再度出现铜矿开采。吉利感到好奇的是当采矿再一次增加时，长期的影响将是什么。与 20 世纪末相比，现在开采铜矿的比例要大得多，因为矿工将使用巨大的设备从已经开采的土壤中提取低量的铜。

吉利已经开展了一项计划，目的在于监测潮间带的甲壳类动物群落，监测地点位于新矿附近和距离小镇北部约 20 英里（32 公里）的一个保护得较好的地区。吉利说：“如果矿井开始干扰远离圣罗萨利亚的海洋环境，将会被这个监测计划所察觉。我们很幸运能够在主要生产活动开始之前着手开展监控。”他与来自当地技术学校的学生合作，这所学校是最近几年才成立的。

他最关心的问题依然是深海中含氧量的不断变化，包括这里和世界各地的海洋。吉利向我提到来自德国基尔大学的物理海洋学家洛萨·斯特姆所写的一篇论文。在 2008 年他所领导的一项研究分析了太平洋、大西洋、印度洋的深海中 6 个不同样区的海水的含氧量。那项研究发现在大部分样区低含氧量海水显著增加，这些所谓最低含氧量区域的氧气含量低于许多海洋动物的致死阈值。在太平洋东部，这些低含氧量区域是一种自然现象，通常发生在海水的上层，但这一现象正向世界的各个方向扩展。科学家认为这种改变与全球变暖有关。

最低含氧量区域限制了热带公海鱼类，如旗鱼、剑鱼和金枪鱼的活动深度，以至于这些鱼类的生境被压缩至狭窄的、更容易被捕捞的海水表层。一般说来，太平洋的最低含氧量区域的氧气含量低于大西洋。德国海洋学家斯特姆说，在 2008 年的研究中发现，大西洋的最低氧含量值是 40%（表面是 100%），而在太平洋的最低含氧量区域的氧气含量几乎为零。

这对于海洋生物来说将造成严重的后果。根据吉利的观点，当水中可溶性氧含量为 10% 时，微生物无法利用氧气并开始代谢含氮化合物，释放硝酸盐，而硝酸盐能产生强大的温室气体。吉利说："当可溶性氧含量为零时，微生物开始代谢硫酸盐离子化合物并释放硫化氢，这可能是致命的。"在二叠纪灭绝的过程中，由于洋流的消失导致海洋停滞在某些地方。来自史密森学会的道格拉斯·欧文认为，这种化合物扩散到大气中可能是当时最主要的致命性因素之一。

在加利福尼亚湾，洪堡鱿鱼以灯笼鱼为食，但在智利和秘鲁以及远离北加利福尼亚的海域里，洪堡鱿鱼可能更喜欢捕食鳕鱼。"鳕鱼"是一个术语，它包括鳕鱼科的几种大型海洋鱼类。南美当局一直在致力于解决他们的鳕鱼产业所面临的问题，这个问题被过度捕捞和海水缺氧左右夹攻。虽然北加利福尼亚的底栖生物已经受到海水缺氧的影响，但鳕鱼产业并未受到海水缺氧的影响。

远离俄勒冈州和加利福尼亚州海岸的海域中，最小含氧量层在逐渐上升，并越来越接近海岸。吉利说："它与大陆架交叉并快速向内陆移动，就像河流冲垮堤坝一样。生活在海底的许多生物都无法逃离。”

在太平洋西北部海域，大量洪堡鱿鱼的存在已经影响了那里珍贵的鳕鱼产业。例如，2009 年，由于鳕鱼活动区域中存在太多的鱿鱼，导致无法利用声呐准确估计鳕鱼的数量，进而无法设定美国和加拿大鳕鱼产业的配额。

在这些深海的地方几乎不存在鱿鱼的捕食者。如金枪鱼和鲨鱼这样的软骨鱼类能够潜到最低含氧量区域的上限来捕食鱿鱼，但它们几乎不能在含氧量低的水域待足够长的时间。斯坦福大学的科学家追踪每年向夏威夷迁移的大白鲨，发现大量大白鲨停留在海中央区域的路线上，这个区域被称为“大白鲨咖啡馆”，在这里它们反复潜到最低含氧量层的上面。它们是否在交配或在捕食尚不得而知，但吉利认为它们反复下潜或许是为了捕食可能栖息于此的洪堡鱿鱼和鸢乌贼。

在加利福尼亚湾东北部，从大陆海岸流入海洋的肥料可能正在增加这里含氧量低的影响。这样的径流在美国密西西比河的入海口、中国长江入海口、东欧的黑海盆地，以及贯穿丹麦、挪威和瑞典的斯卡格拉克海峡、委内瑞拉附近的卡利亚克盆地都形成死亡区域。全世界有超过 150 个这样的死亡区域。

死亡区域和含氧量低的区域之间的区别在于，后者包含一个深度大于沿海和海洋中部环境中日照光线所能达到的最大深度的特殊缺氧水层。科学家通过测量 650 至 3,000 英尺（约 198 至 914 米）深的水层，发现在过去 50 年里，含氧量显著减少且缺氧层在水平与垂直方向上的边界均有扩张。

日照光线能够照射到的最大深度也被称为深海散射层，它是由 20 世纪的海军船长命名的。他们发现由于这一区域分布着高密度的海洋生物，当声呐从这个区域反弹回去时造成一个假的海底回音。浮游生物和浮游动物聚集在深海散射层主要是为了躲避依靠视觉的捕食者，而且它们的捕食习性将消耗水中溶解的氧，造成含氧量最低区域。

几乎没有海洋生物能够适应含氧量最低区域。但洪堡鱿鱼是这些能耐受含氧量低的环境的物种之一。当它们进入含氧量低的区域时，它们的新陈代谢逐渐减慢，它们消耗的氧气比在水表层所需氧气少 20%。独特的鳃允许它们更有效地吸收水中的氧。当它们在捕食猎物时，它们的心脏并没有剧烈跳动，因为它们的猎物由于缺氧导致运动速度减慢。吉利说：“不像狮子追逐羚羊，鱿鱼能轻而易举地捕捉到鱼。”

所谓的“共同市场的鱿鱼”是加利福尼亚渔场中一个较小的但十分重要的组成部分，它们可能找到了这些致命的区域。吉利已经研究普通鱿鱼和洪堡鱿鱼十几年了，他相信海洋中氧气损失的增加将导致洪堡鱿鱼从这里开始扩张。这对于有鳍鱼类来说是不利的，因为较大的鱼已经被挤压在富含氧气的浅层区域，而这些区域更容易被商业捕捞。这种情况正在洪堡洋流附近的秘鲁和智利海岸发生，这里是地球上最富饶的渔场之一，然而这里的捕捞率的可持续性正在受到质疑。

对于这个正在发展的悲剧，气候变化是主要的嫌犯。较温暖的海水保有较少的氧气，气候变暖导致的较少的风使得水表层氧化。最终造成越来越多的海水分层，温水表层叠加在更冷的、密度更大的水层上，从而阻碍氧的混合。此外，两极冰的融化可能在降低深海环流的速度，正是这个环流将充满氧气的水带到了太平洋和大西洋的深海区域。

在 2.5 亿年前的二叠纪灭绝时代，大气中二氧化碳的增加导致地球变暖，进而耗尽海洋中的氧气，导致超过 90% 的海洋生物灭绝。同样在白垩纪灭绝时代，缺氧也是生物灭绝的主要原因。

大眼金枪鱼、旗鱼、鲨鱼能潜到含氧量最底层的顶部，但有鳍鱼类很少能进入这个区域停留一段时间。抹香鲸、象海豹和一些海龟是这片区域最好的渗透者，但它们需要适应承受压力和缺氧的环境。对于极少数能在这片区域生存的生物来说，含氧量最低区域的上边界是一个隐藏的宝藏，这里充满着生命物质。

跟随斯坦贝克

为了向我们展示过去半个世纪里所发生的变化的程度，吉利喜欢提到作家约翰斯·坦贝克和海洋生物学家埃德·里克茨的描述。他们在1940年沿着下加利福尼亚半岛附近进入加利福尼亚湾，调查那里的海洋生物。斯坦贝克为这次旅行写了一本名为《科尔特斯海航行日志》的书。科尔特斯海是加利福尼亚湾更传统、更浪漫的名字。这本书描述了他与埃德·里克茨和一群来自加利福尼亚蒙特雷的渔夫的旅行经历。斯坦贝克在他的两本小说《罐头厂街》和《甜蜜的星期四》里特别对里克茨进行了描写。里克茨把在罐头厂街实验室里保存的海洋生物标本卖给学校供生物实验使用，以此来谋生。

斯坦贝克和里克茨1940年远征的目的是在六周旅行中沿着加利福尼亚湾的潮汐池收集样品。当希特勒入侵丹麦并向挪威进发时，他们离开蒙特利的罐头厂街，斯坦贝克写道："英格兰被侵略是毫无征兆的。"但他们抛开见证这一历史性一幕的机会，毅然登上了一艘获许捕捞沙丁鱼的渔船"西方飞行者"前往墨西哥下加利福尼亚半岛。

三天后，大约晚上10点，他们看到了卡波卢卡斯半岛南端上的灯塔。他们绕过了好望角，进入黑暗的港口。除了灯塔，这个港口没有任何灯光。如今，卡波卢卡斯是一个成熟的、大的度假胜地，这里的夜晚灯火通明。他们随后到达一个寂静的小村庄，在那里斯坦贝克和里克茨花了一整天时间寻找当地政府给他们的签证盖章。

斯坦贝克在《科尔特斯海航行日志》里详细描述的第一个墨西哥小镇是拉巴斯。拉巴斯是太平洋下加利福尼亚半岛南端的一个大型港口。我去年夏天访问了拉巴斯，并目睹了当地政府正在想尽各种办法补偿当地渔民，因为他们和他们饥饿的家庭面临着捕捞量下降的问题。

弗兰克·赫德是奥拉祖的科学主任。奥拉祖是由一批美国和墨西哥的科学家及发明家组成的机构，致力于与当地渔业团体合作发展可持续性的水产养殖体系，作为一种替代方案以减少过度捕捞。赫德邀请我去参观一个近海的半流动性的网围养殖模型。黎明前的一个早晨，我们从城里开车去往拉巴斯北部海滨的一个渔场，在那里赫德和他的同事一直在测试球形围栏，这个围网的体积为 277 立方码（约 212 立方米），离海岸约 3 英里（约 5 公里）远。赫德说海湾潮流可以清除废物，并为他正在试验的虾带来营养和氧气。这个结构是用回收和加固的聚乙烯板材制成的，并用镀锡的钢丝网包住了，赫德说："这种结构能够抵御偶然发生在此的飓风，这些飓风出现在夏季或初秋，它足以把墨西哥海岸线翻个底朝天。"

在他的书中，斯坦贝克描述了他们在科尔特斯海的旅行和他们如何从船的尾部拖饵钓鱼，钓到的有鳍鱼类如黄鳍枪鱼、剑鱼、墨西哥石斑鱼、红鲷鱼和梭鱼，很容易就能解决他们的温饱问题。赫德说在过去拉巴斯的当地渔民也描述过类似的捕鱼方法，但如今他们试图通过销售弹涂鱼、副鲈、鲣鱼、鲭鱼和其他种类的鱼来谋生，这些鱼在斯坦贝克的那个年代被认为是不值钱的鱼。

斯坦贝克 70 年前调查的科尔斯特海的海域与 2004 年吉利和他的船员经过的海域并不相同。在他的日志中，斯坦贝克描述了旗鱼和剑鱼频繁地跃出海面，在水面跳舞的场景。他描述到在加利福尼亚湾持续 6 个星期的科学考察中，只看到几只小的鱿鱼，并没有发现任何类似洪堡鱿鱼的生物。

吉利也花了些时间浏览了有关洪堡鱿鱼目击事件的历史记录。他在科学文献中找到了单独的关于洪堡鱿鱼的报道，这些报道最早要追溯到 1938 年，但直到 20 世纪 70 年代末期开始的商业捕鱼才有大量洪堡鱿鱼出现的报道。他询问了生活在海湾的一些老渔民，没有一个人记得在此之前见过这种鱿鱼。在早期耶稣会传教士所写的关于加利福尼亚湾的自然历史中，也未记录到洪堡鱿鱼。英国皇家海军军官詹姆斯·科莱特在 1793~1794 年在卡波圣卢卡斯南部地区也没有看到过洪堡鱿鱼，尽管他描述了加拉帕戈斯群岛附近的水面看到的四至五英尺（1.2 米至 1.5 米）长的鱿鱼。吉利说："但是那离得很远。"这种洪堡鱿鱼从科莱特所处时代的某个时间迁移到加利福尼亚湾，但缺少迁移的详细资料。

在太平洋东南部海域，洪堡鱿鱼明显已经进化。在这里每隔 4 ～ 12 年，海洋表层水因厄尔尼诺现象而变暖，这导致了异常的全球气候变化。洪堡鱿鱼产业的变化反映了厄尔尼诺现象驱动的气候变化。2012 年，虽然吉利和他的同事在加利福尼亚湾中部检测到高密度的鱿鱼，这些鱿鱼已经离开海岸，且它们的体形逐渐缩小。吉利认为在 2009~2010 年较早发生的厄尔尼诺事件加速动物的性成熟，这就是他所谓的在面对不确定未来的时候采取的一种更激进的快速了生长快速死亡的生活策略。

洪堡鱿鱼，也称为巨型鱿鱼，有两个触手可以伸出并抓住猎物，然后用八只手臂包裹它们。鱿鱼的总长度可达到 8 英尺（约 2.4 米，外壳加上触手）。它们用自己的触手和手臂制伏猎物，它们用像鹦鹉一样锋利的喙状嘴撕裂猎物。最凶猛的头足类动物，包括鱿鱼、墨鱼和章鱼一类动物。

洪堡鱿鱼也以同类相食而出名。墨西哥坎佩切州南方大学的一位海洋生物学家乌奈・麦卡达研究了 533 只洪堡鱿鱼捕食的食物，证实在它们胃里有 26% 的食物是其他洪堡鱿鱼。捕捉洪堡鱿鱼的渔民告诉科学家，鱿鱼一旦上钩，其他鱿鱼就开始攻击并吃掉渔民捕获的鱿鱼。渔民不得不快速拉起他们的捕获物以避免这些杀手的攻击。

洪堡鱿鱼游动特别快，像被喷气式发动机推动穿过海洋。它把水吸入外壳，然后像火箭一样将水从喷口喷射出来。所有鱿鱼都能快速改变颜色，甚至能模仿有纹理的沙质海底或岩石暗礁的形态。洪堡鱿鱼缺乏这种模仿能力，但能够像脉冲闪光灯一样从栗色到乳白色反复切换。通过颜色变化进行交流的能力对于行动缓慢的动物来说具有十分重要的意义。根据吉利所说：“两个鱿鱼之间发生的抖动（振动）以及频率上的差异和变化，极有可能是某种类型的交流。”

多达四百万只洪堡鱿鱼出现在离圣罗萨利亚附近约 1,000 英尺（约 300 米）的科特斯海里，白天它们待在大陆架附近，这里的底部正开始快速下降，但晚上它们随着深海散射层上移而向上移动。然后，渔民开始他们的捕捉行动。夜间用手钓扯起重达 100 磅（约 50 公斤）的鱿鱼是一项艰苦的工作，特别是清洗干净的鱿鱼的平均价格低于 10 美分 / 1 磅（约 0.5 公斤）。

冬季的某日，我在罐头厂街的霍普金斯海洋实验室碰见比尔・吉利，这个实验室靠近蒙特雷湾水族馆。人们声称吉利和陪同斯坦贝克进行科尔特斯海之旅的埃德・里基茨有差别，但也有许多相似之处。

在罐头厂街的里基茨实验室是一个作家、当地名人和无家可归的人聚会的场所。而吉利的实验室更像是一个斯坦福大学学生聚集的地方。根据斯坦贝克描述，里基茨住在当地妓院对面的屋子，但除非他喝光了啤酒且商店都关门了，否则天黑以后从来不会去那间房子。吉利住在靠近蒙特雷湾水族馆的地方并经常去那里。斯坦贝克在在悼词中说到里基茨"爱喝任何酒"。吉利"招供"说他只是偶尔享受啤酒。他们最大的共同点是吉利和里基茨一样都是热爱蒙特雷、巴哈、加利福尼亚湾的生物学家，并且都爱笑。

当吉利宣布他计划追溯斯坦贝克和里基茨 1940 年的航线穿越加利福尼亚湾海域和潮间时，他接到了一个意外的电话，北海岸酿酒公司老板说他愿意为此次航行提供服务和支持。那个老板说："你知道那些家伙在那次旅行喝了大量的啤酒，我就是那个可以帮助你解决这个问题的人。"吉利微笑着回应。

出发那天吉利和他的团队来到船上，发现有两拖车用收缩膜包装好的啤酒，上面写着给吉利博士。收缩膜包装里有 72 箱啤酒。当他给我讲述这个故事时，笑着说："除了我曾经参加的普林斯顿聚会外，这是我见过的最多的啤酒。"

最后，吉利和他的船员只喝了大约 1,242 瓶啤酒。斯坦贝克和他的船员喝了 2,160 瓶啤酒。吉利敬佩地说："他们的船员较少，旅程较短，却喝得比我们多。"

两次远征都不轻松，也存在其他差异。在斯坦贝克和里基茨路过的各种潮间带上，他们反复使用类似"棘皮海星"这样的措辞来描述海蛇尾的“数量多”和“打结”。但吉利的团队在他们所看到的任何潮池中都没有观察到大量的海星或海蛇尾。

斯坦贝克和里基茨在几个采集点发现“巨大的”海螺壳和蛾螺（大型海洋蜗牛和它们的壳）和大量的大蝾螺（形状像一个涡轮）。吉利的船员只在几个采集点发现小的海螺和蝾螺的活体标本，在一个采集点发现一个死的蛾螺壳。1936 年，一位美国博物学家、探险家和海洋生物学家威廉・毕比发现一个位于前往下加利福尼亚东海岸半路上的巴伊亚・康塞普西翁北部的海滩，那里被他称作“贝壳学者的天堂”，海滩上有“数量惊人和众多种类的”贝壳。很明显，吉利的船员发现所有这些物种的数量都在急剧减少。

海湾里最大的和令人不安的变化之一是在“深海”或公海，在那里食肉性有鳍鱼类栖息在水域的上层，既不靠近岸边又不接近海底。尽管吉利和同事的此次航行与斯坦贝克的冒险旅行是在一年中的相同时段，使用相同类型的船，持续时间也几乎相同，他们还是发现公共海域鱼类群落发生了极大变化。

斯坦贝克和里基茨写道，“我们在很远的地方就能看到一大群金枪鱼在水面上飞越，在那里它们溅起大量水花”。他们也看到了金枪鱼、旗鱼和剑鱼，但是吉利的队伍只看到了其中的少数种类。

吉利的团队确定捕捉到了塞拉鲭鱼和黄鲱，但和斯坦贝克、里基茨报告中提到的大小和数量都不相同。

斯坦贝克和里基茨登上一艘捕虾的拖网渔船离开位于加利福尼亚湾大陆上的瓜伊马斯，目击到各个拖网里中“计划外”的种种鱼类时，他们其实窥见了未来的一斑，尽管他们当时并未意识到这一点。虽然渔民试图把虾与其余的捕获物分开，并想把不要的鱼扔回海里，但它们中的大部分在水里翻了肚子。如今拖网捕虾被认为是海湾地区生态破坏最严重的行为。

鲨鱼——特别是巨型锤头鲨类——的体形和数量呈下降趋势，它们曾经围绕着海湾中部的沉没岛屿或海底山生活。前口蝠鲼面临相同的状况：它们已经被比斯坦贝克和里基茨曾看到的更小的蝠鲼所取代。斯坦贝克写到尝试着把一些巨大的蝠鲼拉上船，但蝠鲼总是能扯破网线，即使网有三英寸（约 7.6 厘米）厚。斯坦贝克和里基茨还提到几个其他种类的鱿鱼，但不是洪堡鱿鱼。

虽然吉利从未见过斯坦贝克所发现的丰富的海洋生物，但当他到达加利福尼亚湾的圣佩德罗马蒂尔岛时，他还是亲眼看到了这里的美景，这里因为生活着许多抹香鲸而出名。由于抹香鲸捕食洪堡鱿鱼，吉利设想那里应该有大量的鱿鱼，这是他此次绕道而行的原因，这段行程并不是斯坦贝克旅程的一部分。吉利正在寻找过去从未有人在海湾发现的洪堡鱿鱼的幼体。卫星资料告诉他这里曾发生过一次剧烈的潮汐上涌事件（潮汐从深海把营养丰富的海水带到海面），他猜测这片肥沃的海洋区域前缘可能供养着极小的鱿鱼幼体。在他的第二次拖网中，他发现两只四分之一英寸（0.635 厘米）长的鱿鱼幼体，此后发现了更多。

吉利在报告中说，这是一个“万物生存的地方，包括浮游生物、鱼、鱿鱼和鲸鱼”。吉利和他的团队为不断发现鱿鱼而感到高兴，这些洪堡鱿鱼向船猛冲过来，利用它们腹部的闪光试图吸引海面附近的小鱼群。这场表演一直持续到午夜之后。

他们无法抛锚，因为大海深度超过 3,300 英尺（约 1,000 米），因此他们只能整夜漂流。有一回，巨大的抹香鲸浮在水面上休息，鳍暴露在水面上，一些抹香鲸成对出现，在潜水前显示它们的尾鳍。吉利以前从未见过抹香鲸，但他知道它们聚集起来是因为洪堡鱿鱼，这地方满是它们最爱的食物。

吉利说：“我们已经来到科尔特斯海，并发现自 1940 年以来这片海域发生了改变。在整个旅行中我们发现公海是发生生态变化最剧烈的海域，两大重要捕食者离开斯坦贝克曾经调查过的岩石礁来到远离海岸的公海。这是一个意义深远的质变，一个生态体制的转变。”

这是一个由鱿鱼和抹香鲸组成的新进化的顶点，它取代了金枪鱼、旗鱼、剑鱼、鲨鱼和斯坦贝克和里基茨只在 20 世纪 70 年前看到的其他有鳍鱼类。

加利福尼亚湾并不是唯一经历过由于海水含氧量低而导致生态变化的地方。从 2002 年开始，北太平洋海岸附近的低含氧量海水滑上大陆架，进而移向近海，导致加利福尼亚、俄勒冈州和华盛顿南部海岸的底栖海洋生物的灭绝。吉利和其他人也一直在关注这些发现。这些与含氧量低有关的事件通常发生在夏末。

2006 年，俄勒冈州沿岸的太平洋海域的海水进入一种无氧状态，导致许多生物死亡。放入水中的潜水器记录到死鱼散布在海底。调查显示了底栖生物几乎全部死亡。太平洋西北地区的大陆架海域有 20 至 50 英里（约 32 至 80 公里）宽。它们位于加利福尼亚洋流的下面，这里是世界上物种最丰富的海洋生态系统之一。然而，如果低氧事件的规模和频率不断增加，这个系统将处于危险状态。

沿海岸向南流动的海水在北半球为顺时针流动，而在南半球为逆时针流动，这是地球在其轴线上自转造成的影响。美国的太平洋海岸盛行刮西北风，把海洋的表层水吹离海岸，而深海中的寒冷的、营养丰富的海水上涌取而代之。这大大增加了沿岸海洋环境的营养力。

虽然加利福尼亚海岸许多鱼类数量下降，但海洋哺乳动物数量却增加了。部分原因可能是它们适应捕食较深海域的鱿鱼和其他生物。要达到这些深度，鲸鱼、海豚、海豹、海狮都必须经历进化过程中的一个独特事件。在史前时代，这些哺乳动物的祖先离开大海，失去它们的鳃，进化形成肺来呼吸空气。但随着与陆地动物竞争的加剧，它们回到海洋，不得不再次学会在水中生存，但这一回必须继续呼吸空气。它们普遍采用各种巧妙的憋气手法，因为深海对于靠空气呼吸的动物来说并不是一个有利的地方。吉利说，研究抹香鲸是很困难的，因此科学家们通过研究其他潜水的海洋动物来反映鲸鱼的情况。

深海潜水者

追溯到 20 世纪 60 年代，科学家普遍认为动物能够潜到 325 ~ 650 英尺(约 100 ~ 200 米)，但加利福尼亚州圣地亚哥的斯克里普斯海洋研究所的研究人员记录到南极洲麦克默多海峡的韦德尔氏海豹能潜至 1,970 英尺(约 600 米)。

从那以后，陆续发现帝企鹅、棱皮海龟、象海豹、宽吻海豚鲸和抹香鲸都达到了甚至超过了这个纪录。在一个海洋可能不再为靠鳃呼吸的鱼类提供足够的氧气的世界里，屏气呼吸的动物可能仍然有生存的机会。

象海豹是适应屏气呼吸的哺乳动物的一个很好例子。而且，由于它们为了长期待在水里，一年仅离开海洋二次，所以通过它们登陆时安装的标签和信号传送器更容易进行跟踪以记录潜水的情况。象海豹已经从濒临灭绝中恢复过来，它们在北太平洋的数量接近十万只。它们在深海潜水时利用一套独特的进化适应器。它们水面的心率为 120 次 / 分钟，但潜水时，它们的心率能够降低到 30 ~ 35 次 / 分钟，甚至记录到它们的心率低至 2 次 / 分钟，处于人类心搏停止的边缘。与人类不同，正在潜水的象海豹把大部分氧气储存在肌肉中的肌红蛋白和血液里的血红蛋白中，而不是肺中。与大多数动物相比，象海豹血液中的血红蛋白浓度更高，血容量更大。

象海豹具有流线型的身体，在水中滑行时，就像是在一层球轴承上移动一样。2011 年在《自然》杂志发表的一篇论文中，圣克鲁斯加州大学的生物学家报道称，一只象海豹下潜到了 5,765 英尺(约 1,757 米)，这是该物种的潜水纪录。这个深度比三个帝国大厦前后堆叠的高度还高，在回到水面之前，象海豹从最高建筑的顶部直线下降到底部建筑的地下室，之间的距离超过两英里(3.2 公里)。一年中除 2 ~ 3 个月登上陆地进行交配或脱皮，象海豹大部分时间待在水下，所以并不是真正的潜水动物，而更像是水下生活偶尔浮出水面的动物。

所有象海豹的呼吸通道，包括肺，潜至 350 ～ 700 英尺（100 ～ 200 米）时就被压扁而导致气体无法通过。由于这些空间没有了空气，无法进行气体交换（尤其是氮气），因此象海豹需要避免血液中的化学物质失衡，如减压病（氮气泡）和神经型中毒（氮中毒），这些疾病给人类潜水员造成了很大的痛苦。

在这些潜水动物中，象海豹的脸看起来像一个傻瓜。研究人员喜欢把它们当塑料模特进行装饰，涂上口红，给它们的眼睛上色，然后把它们送至水下 300 英尺（约 91 米）深的地方，这只是为了好玩。它们回到水面时看起来像缩头鬼。但对于象海豹来说，潜下深海是值得的，加利福尼亚大学生物学家伯尼・勒・贝夫说："深海散射层位于含氧量最低域的顶部，是海洋中大部分生物集中的地方。这些动物正潜到资源最丰富的区域的中心。"

但那里一片漆黑。附着在这些动物身上的摄像机传送回来的图像都是黑屏。一些鱼是生物性发光的，像灯笼鱼，它是科尔特斯海中洪堡鱿鱼最喜欢的食物。鲸鱼和海豹能够游在它们猎物的下方，在大白天回头能看到它们的轮廓。这些潜水动物能很好地适应这片海域。象海豹的巨大眼睛能够帮助它在黑暗中发现猎物。鲸鱼可以比象海豹做得更好，它们采用天然声呐系统来确定猎物的位置。抹香鲸的鼻子占其总体重的四分之一到三分之一，可能包含自然界中最大功效的声呐系统。

深海潜水者几乎垄断了那些深度的猎物，它们也能躲避两个致命的捕食者：大白鲨和虎鲸，这些捕食者大部分时间待在水面。在大多数情况下，当象海豹从离开陆地进入海洋和离开海洋登上陆地时最容易受到攻击。它们每年要登上陆地两次，一次是冬天持续 1 ～ 2 个月的繁殖期，另外一次是夏天持续 1 个月或更短时间的脱毛期。它们花费一年的剩余时间待在水里，进行距离长达 13,000 英里（约 20,921 公里）的北迁。在这些旅行中，它们几乎一直在潜水，每次潜水持续 20 分钟或更长时间，之后它们用 2 ～ 3 分钟浮出水面，呼吸氧气和排出二氧化碳，接着潜入水下。对于靠呼吸空气生存的动物来说这些是令人难以置信的适应器。

没有了这些威胁，潜水几乎是一个水到渠成的事情。抹香鲸和象海豹边潜水边睡觉，它们闭上一只眼，大脑一半在打盹，另一半在保持警惕，然后来回切换。一旦它们潜到那些深度，猎物的逃避反应就会慢得多，从而允许深海潜水者徘徊觅食，就像随意取食的自助餐。

但再一次值得注意的是，在洪堡鱿鱼的捕捉技巧中存在另一种适应器。吉利曾与生物学家朱莉娅·斯图尔特在一项研究中合作，他们发现生活在远离蒙特雷湾和加利福尼亚湾的洪堡鱿鱼有时潜水的深度达到一英里(1.6 公里)，完全穿过含氧量最低的区域，并能长时间地待在那里，有时能待上一整天。之所以能这样做是因为含氧量最低的区域实际上是一个水层，由于深海洋流把氧气带到深海水域，同时氧气随着洋流开始从深度超过约 3,500 英尺(约 1,067 米)的水域再次上升。吉利说："洪堡鱿鱼所拥有的这些非凡的潜水能力可能是由觅食的海洋哺乳动物群的存在而引发的逃避反应。鱿鱼仅仅是俯冲下去，停留几个小时，然后游上来，希望发现它们的捕食者已经走了。"只有鱿鱼看起来能轻松地穿越这些氧气含量低的区域。海豹和鲸鱼不得不回到水面吸收空气，而鱿鱼在没有空气的情况下也能上下移动。

然而，大多数鱼都被限制在较浅的水域，使它们成为海洋哺乳动物和人类捕食的对象，而人类则要为渔业衰退负责。据世界野生动物基金会统计，在墨西哥鱼类年度总捕获量中，几乎 75% 来自加利福尼亚湾，但过度捕捞(工业的和手工的)导致鲨鱼、鳐鱼和有鳍鱼类的数量急剧减少。全球渔获量的下降和需求量的上升正在导致全球渔业陷入危机，从而威胁到加利福尼亚湾以及世界其他地区。

人类对鱼类的影响并不限于菜单上最常见的种类。从海龟到蝠鲼再到海洋哺乳动物，这些独特的海洋生物都被捕杀灭绝。例如，鲨鱼的数量已经下降了 80%，如今有三分之一的鲨鱼种类面临灭绝的风险。最大的海洋捕食者不再是鲨鱼，而是我们。

从大部分人类以狩猎 – 采集为生以来，至今已经历了一万年。鱼是最后一种我们大量捕杀的野生动物。然而，我们可能是能做这些事情的最后一代。现在平均每人吃鱼量是 1950 年的 4 倍。

在 20 世纪 80 年代末期，摄影师乔治 · H. H. 休伊和我去到下加利福尼亚做一个关于捕鲨渔民的故事，渔民抱怨鲨鱼捕捞量越来越少，体形也越来越小。当我就这个问题采访许多海洋生物学家时，没有人能够想象这些著名的公海物种可能减少。甚至雷切尔 · 卡森都无法想象鱼类资源正在减少。但所有这一切都已经发生改变。

洪堡鱿鱼有可能击败其他海洋生物。它们的数量正在扩大，而海洋鱼类种群数量正在缩减。在一个相对短的时间内，洪堡鱿鱼已经学会适应气候变化和水中含氧量的改变，而这些变化对许多其他动物来说都是致命的。

吉利十分尊重这种动物："如果有人想设计一个未来的海洋食肉动物，那非它莫属。"

我们将需要怎样的进化适应来保证我们未来继续存活下去？

第三部分

无人地带

第八章

看得到的结局

我们显然忽视了地球上生物多样性丧失对人类造成的影响。哺乳动物、爬行动物、鸟类、两栖动物和鱼类控制着所谓的“生态系统服务”，它们承担的功能对于自然和人类来说都是至关重要的。它们的损失就是我们的损失。没有它们的存在，我们的生存也是个问题。这就是为什么一些科学家相信人类不可能在大规模灭绝中继续存活，因为在这样的事件中我们将失去所有的生态系统服务功能。

我们已经看到森林动物多样性如何保护我们免受疾病的影响，但这并不是自然界赐予我们生存的唯一礼物。其他生物，如植物、昆虫和微生物，在我们的生活中扮演同样重要的作用。其中一个宝贵的作用是制造干净的水。纽约市的饮用水就是这样一个例子，它是从距离城市 125 英里（约 201 公里）的新英格兰森林自然净化而来的。许多系统最好的净化器都位于森林地表的下面：树木的细根能够过滤水，土壤中的微生物能够分解污染物。当汽车尾气排放、化肥和粪肥产生的氮进入水道，其中一半的氮能被这些流域中的自然过程所吸收。当水流过湿地区域时，香蒲和其他植物吸附沉积物和重金属，也有助于营养物的净化。

纽约水道系统的存在部分归功于霍乱这一传染病，因为在 1832 年，霍乱杀死了近 2% 的城市居民并迫使超过一半的人口离开这座城市。纽约市的政客们快速启动了一个主要饮用水系统的建设，他们在距离韦斯特切斯特和普特南郡以北 40 英里（约 64 公里）的克罗顿河的东、西支流修筑水坝，然后修建导水管将那里的水引到曼哈顿市中心的水库里。

但对于纽约人来说水还是供不应求。因此，城市供水局把目光转向了卡茨基尔山。现在，纽约市的水源是卡茨基尔 / 特拉华州流域，他们以两条河流来命名，因为在 20 世纪的大部分时间里这两条河一直在为城市输送水。该流域为近一千万人提供饮用水，并在很长一段时间里供应经过自然净化的干净水源。1986 年美国国会修订《安全饮用水法案》，该法案最初在 1974 年经国会审议通过，目的在于通过调控国家公共饮用水的供应来保护公民的健康。修正案敦促纽约市建立一个 60 亿 ~ 80 亿美元的过滤系统。但纽约市的计划是通过购买土地作为升级污水处理工厂时的缓冲区域和自然过滤系统以保护这个有价值的流域。

但房地产开发阻碍了项目的实施。道路和房屋开始出现在卡茨基尔 / 特拉华州流域，而且纽约政客一直拖延关于他们土地购买的提议。为了推动项目的进展，已故参议员的儿子罗伯特 · F. 肯尼迪，也是当时纽约清洁水倡导者的代理律师，聘请一位房地产经纪人对卡茨基尔 / 特拉华州流域的土地进行估价，经纪人估计购买每英亩土地仅需花费 10 亿美元，比建造一个滤水系统的花费要少几十亿美元。肯尼迪对一名记者说，现实的解决方案是“停止发展，那是你们不得不做的事，但是没有人想说”。

肯尼迪一直在推动纽约市购买卡茨基尔的土地，并把影片摄制组带到一个存在问题的医院污水净化厂，展示了污水和废水是如何泄漏到纽约水系统的。《纽约邮报》报道，克罗顿水库由于污水污染已经关闭，但纽约市的一位发言人说水库是被“有机物质”关闭的。晚间电视节目主持人大卫 · 莱特曼还开玩笑地说，这个故事“让我被有机物质吓到了”。

纽约市将严格控制在流域的房地产开发、建立新的污水处理厂、铺砌地表和农业活动，但是当地居民提出起诉反击，宣称纽约市饮用水的成本被转嫁给他们了。这场斗争最终以双方妥协而结束，纽约市承诺花费 15 亿美元购买土地、建造和维修必要的雨水沟和污水系统。美国环保署把纽约市要求建立一个饮用水过滤系统推迟到下一个五年。

如今纽约市竭尽全力保障城市用水的安全，包括随后城市销售的佩托比斯摩和易蒙停，这两个用来治疗痢疾的药物可以帮助监测水质。巡视员监测城市供水中由单细胞寄生虫，如兰伯氏贾第虫和隐孢子虫所引起的疾病的暴发。贾第虫可以引起痉挛和腹泻，但是只需要一个隐孢子虫的包囊就会减弱人的免疫系统功能，导致严重的疾病或者死亡。

现在大自然正在制造大量的植物、森林、香蒲、蚯蚓和土壤细菌，确保这些疾病和其他疾病无法进入纽约市。但是如果我们继续破坏物种，这些自然系统的生态平衡将不复存在，人类生存的第一道防线将会失去。

我们是如何破坏流域的物种的呢？入侵的害虫如白蜡窄吉丁虫、舞毒蛾和亚洲长角甲虫已经威胁到新英格兰的树木。污染径流可以压垮湿地处理沉积物和重金属的能力，如果森林和湿地消失了，那么植物根系的过滤功能也将不复存在。气候的改变使东北的降雪量减少，这使植物根系暴露在较低的温度里，这个温度比完全覆盖在大雪下的温度还要低，这可能导致水域的树木减少。而树木的减少意味着林下的微生物群落的减少。

生态系统对人类的意义

以维持生态系统服务为目的保护自然环境不仅是纽约市的一个时髦的想法，马萨诸塞州的波士顿为了避开美国环保署的命令，也制定了一个类似纽约市的流域计划来过滤水源。这个计划包括购买土地、控制野生动物和监管沿着支流的房地产开发。在哥斯达黎加，政府要求消费者每个月多交几美分的水费来支付给上游的农民以保护和恢复热带雨林。欧盟要求保护流域的林地，以确保水的质量和清澈。

在 20 世纪 80 年代末期，法国东北部的毕雷矿泉水因为害怕农药和肥料威胁其著名瓶装水的质量而开始保护莱茵河—默兹河流域。1990年，毕雷矿泉水被发现含有致癌物质苯（一种汽油成分）而暂时被撤下货架。毕雷矿泉水宁愿花900万美元购买其著名源泉附近的六百英亩（2.4平方公里）土地也不愿意迁移新址。他们还与当地农民就源泉四周四千多英亩（16平方公里）土地的环保使用达成了长期的协议。

尽管人们对自然系统对人类经济发展的重要性有了大量的认识，但是这个想法还没有进入公众意识和政治思想。生态系统服务是自然生态系统和它们所包含的物种维持人类生活的过程。它们带给我们海鲜、饲料、木材、生物燃料、天然纤维、药物甚至更多其他东西。

重要的服务还包括水和空气的净化、洪水和干旱的减少、废物的分解、土壤的再生、农作物的授粉、农业害虫的控制、种子的传播、避免太阳的灼射和适宜的温度、风和波浪，以及充足的审美情致以提升人文精神。

生态系统服务有很多重要的功能。其中一些产品包含有大批的生态系统士兵，例如，一个平方码（1.3平方米）的丹麦牧场生活着50,000只蚯蚓、50,000只昆虫和螨虫以及近1,200万只蛔虫。一克土壤中生活着约30,000只原生动物、50,000万个藻类、400,000万个真菌和数以亿计的细菌。这些生物执行着对人类生命至关重要的复杂的自然循环。

没有鸟和其他昆虫这些捕食者，仅仅使用农药将无法控制农业害虫。没有传粉者，植物将不能生产粮食。但是在我们的生态系统中许多“战士”陷入了困境。目前地球上将近20,000种动植物被认为处于灭绝的高风险状态。《自然》杂志上发表的一项研究结果表明，如果21世纪所有被认为是濒危的物种都灭绝了，且如果灭绝率还在持续，那么在下个世纪我们将会损失四分之三甚至更多的物种。国际自然保护联盟对超过52,000种动植物的生存能力进行了评估。他们的结论是，25%的哺乳动物、13%的鸟类、41%的两栖动物、28%的爬行动物和28%的已知鱼类的生存受到了威胁。

我们人类的生存仍然依赖于这些物种。多个物种的生态系统间相互作用，而且生态系统与环境间也存在相互作用，这些相互作用是人类生活中必不可少的。它们代表生命遗传的多样性，并为人类提供新药物的原材料、新的作物和新牲畜。

如果森林有更丰富的树木种类，那么它就能储存更多来自二氧化碳中的碳。如果溪流有更丰富的微生物种类，那么它就能清理更多污染物。增加鱼类的多样性意味着有更大的渔业产量。增加植物的多样性意味着它们能更好地抵御入侵植物。如果天敌由捕食者、寄生虫和病原体组成，它们能更好地控制农业害虫。生物多样性较大的生态系统能够更好地承受压力，如更高的温度。

另一方面，生态多样性较低意味着较低的碳捕获量、更多被污染的河流、更少的鱼、更多的外来入侵物种、更多的农业害虫、更多抗压力差的物种。

此外，生态系统服务还涉及文化层面。印度班加罗尔印度科学研究所的马达夫·加吉尔和马萨诸塞州波士顿大学的卡毛基特·巴瓦把世界的消费者分成两类：一类是生态系统中的人，包括森林居民、牧民、渔民和农民，他们依靠当地生态系统来满足他们大部分的需求；另一类是生物圈中的人，他们能够在一个更大的国际范围获得用于商业目的的生态系统产品。他们的报酬是不均匀的。当生态系统的人能够为生物圈的人提供产品时，他们常常是为了很低的工资而做这样的事，因为他们没有自己的土地或卡车、火车和飞机把产品运送到商业市场。

依赖当地商品的社区更愿意去保护他们的产品以使他们能继续生存下去。但到底发生了什么事情呢？加吉尔和巴瓦说，当地人没有附近生态系统的控制权，他们不参与或不致力于保持这些生态系统的长期存活。在印度，大约有五千万人居住在接近森林的地区，并且他们的大部分日常生活用品来自森林。但是他们往往没有土地或物品的所有权。

根据加吉尔和巴瓦所说，如果在经济决策中环境恢复是最重要的，那么生物圈中的人必须学习一些理念（当地控制、当地索取和符合当地理念的决策）。只是因为喜欢冬季的蓝莓而购买来自地球另一边的产品，并不意味着这是一个好的或健康的想法。下次你会看见从一百英里（160 公里）外的地方运送到你门前的食物，想想所有的污染物都来自冬季抵达你住所的那辆卡车车尾或那架飞机机身。它可能使一些公司、生物圈中的人受益，但并不有益于当地的经济或当地的健康。随着气候的改变，当地健康和当地经济与国际健康和经济保持了极其紧密的联系。

对我们来说，训练我们的舌头享受当地的季节性食物是更健康的。北卡州立大学的园艺学家朱莉娅·科恩盖说："想要一年 365 天都能吃到草莓和树莓，并期望它们美味，那是不明智的想法。"

细想药物发展也是我们从丰富的热带植物所获得的生态系统服务。在所有药物种类中，50% 是来自植物或动物种类，包括镇静剂、利尿剂、止痛剂、抗生素或更多。阿司匹林是从柳树中提取得到的。避孕药最初来自生长在墨西哥森林的野山药。美国太平洋西北部地区的紫杉树皮含有生物成分紫杉酚（紫杉醇），这种成分可以攻击对其他药物不做出反应的癌细胞。马达加斯加的玫瑰色的小长春花培育出两种不同的药物，这些药物能够改变一名刚被诊断患有白血病的孩子的结局，在 20 世纪 60 年代（这些药物未被发现之前），10 名病情得到控制的白血病患者中只有 1 名能够治愈，如今（它被发现后），20 名病情得到控制的白血病患者中有 19 名能够治愈。

从植物中获得的抗癌药物每年可以拯救 30,000 人的性命，就拯救生命、减少痛苦和维持工作时间而言，能从经济上节约 370 亿美元。近期在热带地区发现了许多抗癌药物，但不幸的是这里也是大部分植物种类发生灭绝的地方。

牛津大学的诺曼·迈尔斯指出全球制药公司——礼来制药公司从玫瑰色的小长春花开发出两种抗癌药物，从 20 世纪 60 年代起每年销售利润超过 1 亿美元。而植物的来源地马达加斯加从未获得任何的利润。这让马达加斯加几乎没有任何动力来保护剩余的热带森林，尽管森林中还能发现许多其他重要的药物。人类是从以狩猎为生的祖先进化而来的，他们进入每一个新的区域捕杀动物和利用植物。尽管我们的技术在迅速扩展，但我们主要的本能仍然停留在石器时代。

森林本身就是我们所拥有的自然资源宝库的一部分，能够提供许多生态系统服务，但也是我们无法体谅的一部分。如果在路边或在我们附近有树木，那么一切都是美好的。但是如果森林砍伐发生在路边、在其他州或其他国家，我们就不会强烈反对。从此以后我们再也看不见树木的踪影了。

人类的价值选择

关于人类的价值选择的最好例子出现在中美洲的森林。我在位于危地马拉佩滕省的北方城市弗洛雷斯遇见戴利亚・埃莫・康德，她是一位来自丹麦欧登塞市的普朗克欧登塞中心的助理教授。欧登塞市坐落在佩滕伊察湖的一个岛上，就在蒂卡尔国家公园的外面。这个公园以玛雅遗址和野生动物著称。康德出生在墨西哥，在杜克大学获得博士学位。博士期间她开始研究中美洲热带森林里的美洲虎的移动以确定它们的栖息地，以及该地区计划修建的道路和基础设施如何影响它们的生活。

她的目的是拯救成片分布的土地，使得美洲虎可以在隔离群体间迁移，以保持动物基因库的多样性。在这个过程中，保护栖息地里相同生态系统的众多动植物也可以保持它们的活力，这就是著名的伞形效应。康德希望通过拯救这个具有超凡魅力的物种，也能拯救居住在美洲虎的保护伞下的众多动物、植物和鸟类。

在一个充满雾气的热带早晨，她带我来到佩滕伊察湖中的一个当地动物园。动物园里有一头美洲虎，它的头和肌肉发达的身体看起来非常气派。我们蹲下来以动物视线高度来观察它，但美洲虎并不理会我们的存在，它在笼舍里来回踱步。这只虎是世界第三大猫科动物，排在它前面的是老虎和狮子，但它是西半球最大的猫科动物。康德曾在许多热带森林里探险，目的是捕获美洲虎，然后给它们佩戴无线电颈圈后放归野外，这样一来生物学家就能追踪它们的行踪。

她向我描述了在墨西哥尤卡坦州卡拉克穆尔的玛雅遗址周围的热带雨林中进行的一次狩猎，当时天空中弥漫着鸟的叫声和来自树顶上的吼猴的咆哮声。她跟随一个车队沿着横穿克拉克穆尔国家公园的一条泥路前去检查放置诱饵的地方，一起同行的还有 4 位生物学家、2 个追踪者、5 只狗和 1 名兽医。诱饵是大块的经过消毒的羊肉，里面加入了足量麻醉药使动物慢下来。他们沿着泥路每隔一英里设置一个诱饵，共设置了 7 个诱饵点。

跟踪者是托尼 · 里维拉，他以前是一位美洲虎猎人，现在是生态游猎协会的主任。他走下车宣布美洲虎已经陷入圈套，并且卡车后面狗的狂叫声告诉他动物就在附近。虽然团队从凌晨三点就起来了，但是现在每个人突然间活跃起来，挤下汽车，准备好狩猎。

里维拉把狗放开，它们飞速跑进丛林，生物学家尽最大努力跟上它们。当狗的咆哮声发生改变时，里维拉加快他的步伐，走近一棵美洲虎用来避难的树。之后狗被拉了回来，里维拉举起他的步枪，瞄准并向着动物的侧面发射一枚麻醉镖，不久药效开始发作。同时，生物学家评估这只美洲虎的健康状况，并把无线电颈圈戴在它的脖子上，用来跟踪它的行踪。

康德发现这个过程能改变人。她说："当我第一次看着美洲虎的眼睛时，它永远改变了我的生活。"

康德与墨西哥非政府组织美洲虎保护协会和墨西哥国立自治大学合作，一起拯救中美洲的森林。这片森林横跨加拿大和墨西哥，是西半球除亚马孙外最大的雨林遗迹。他们通过保护美洲虎来保护森林，因为美洲虎在拉丁美洲具有很高的威望。

她正试图准确找出森林中美洲虎种群密度高的特定地区，确保它们与种群密度低的地区连接在一起。在回程的船上，康德说："由于保存下来的森林太少，森林斑块间的连接就至关重要。我们发现美洲虎种群被隔离在农耕地的海洋中。"

美洲虎的栖息地曾经从美国南部边界一直延伸到巴西，但在过去一百年里缩减了 80%。目前尽管美洲虎的生存受到胁迫，但它们仍然存活在玛雅森林里。玛雅森林属于中美洲森林的一部分，是一片大约 4,000 平方英里（约 10,360 平方公里）的热带雨林，遍布墨西哥、伯利兹城和危地马拉毗连的边界，康德的大部分工作都在这里进行。玛雅森林由许多国家公园和保护区组成。为了拯救美洲虎，人们不得不拯救森林。

康德的工作是构建中美洲生物走廊这一更大计划中的一部分，这个走廊将允许美洲虎和其他动物随意从巴拿马迁移到墨西哥南部。这个项目获得了中美洲国家的支持以及泛美开发银行的 4 亿美元资助。问题是泛美开发银行也同时投资了 40 亿美元用于建设超过 332 座水坝和修建 4,000 平方英里（约 10,360 平方公里）的公路，这对生物走廊建设所付出的努力是最大的讽刺。

康德之所以被美洲虎吸引不仅是因为它的高贵，而且是因为它是一个顶级捕食者。如果你拯救了美洲虎，那么你也拯救了食物链中营养级比它低的其他物种，它们是美洲虎所在的生态系统的一部分。加上你拯救了森林，这不仅对于当地物种十分重要，而且对于北美候鸟也同样重要。这个地区至少生活着 333 种鸟类，而且美国大自然保护协会估计 40% 来自北美的候鸟在迁徙过程中会在这个地区的森林和沼泽地停留。由此看出，自然生态系统是趋向于相互关联的。

美洲虎捕食许多中等体形的动物，包括白尾鹿、较小的本地红色南美小鹿、领西猯（野猪）、山貘、刺豚鼠（大型啮齿动物）、犰狳和长鼻浣熊（浣熊的亲缘种类）。美洲虎是伏击捕食者，沿着森林小径进行捕食，主要在夜晚出没，它们用强有力的牙齿和爪子制伏猎物。美洲虎的捕食有助于帮助这些动物种群剔除老弱病残的个体，这是帮助这些种群壮大的一个自然过程。捕食者在保持野生动物种群的数量和健康方面发挥着重要的进化作用。

美洲虎通常远离人类。但是它们偶尔捕食牛、山羊或鸡，可能使它们与当地牧场主人和农民产生冲突。康德和其他生物学家试图让墨西哥政府、伯利兹城政府和危地马拉政府建立美洲虎保险基金，以此资助生物学家迁移美洲虎到远离人群之处，以减少美洲虎对当地群众造成的损失。

不幸的是，美洲虎颈圈的成本(每只 4,000 美元到 7,000 美元)限制了康德的研究，但她已经回收的数据为她提供了有关美洲虎所需要的栖息地类型的重要信息。尽管动物不得不穿越次生林和人类开发的土地，但携带颈圈的美洲虎大部分时间都待在原始森林。康德说，这表明美洲虎需要未受人类干扰的地区。

墨西哥、伯利兹城和危地马拉的森林砍伐正带来毁灭性的后果。在危地马拉北部边境地区的佩滕，雨季里一个阴天的日子，我陪同康德和危地马拉崇尚自然研究与保护部主任卢克雷西亚·马萨亚进入拉古纳德尔老虎国家公园。据马萨亚所说，她的团队感兴趣于众多环境因素和“健康的美洲虎种群是一种用来区分我们正在做的工作是否起作用的方法”。

我们旅行经过的泥路刚刚建好两年，但是刀耕火种的农业已经毁坏了沿途的大片热带森林。这个团队乘船前往力拓圣佩德罗的金刚鹦鹉生物研究站。黄昏时分，我们爬上附近一座小山上的灯塔，凝视着四周的热带雨林，看着热带鸟类飞过，听着附近树上猴子的叫声。第二天早上，康德给马萨亚展示了一幅新建道路的地图，当时我也陪伴在旁边，这些道路是危地马拉政府为了吸引从尤卡坦半岛到危地马拉玛雅遗址的游客而计划修建的。这个计划需要修建 39 英尺(约 12 米)宽铺设路面的道路。康德提及我们在前往公园的泥路上所看见的森林砍伐，她说：“那是沿着泥路所看见的现状，你能想象铺设路面的道路将带来的破坏吗?”

在过去五十年里，危地马拉已经失去了三分之二的原始森林面积以及它所持有的生物多样性。根据联合国的数据显示，自 1990 年以来，危地马拉每年大约有 13.3 万英亩(约 5.4 万公顷)的森林消失。

1998 年，当飓风米奇袭击中美洲时，森林显示了它的重要性和它的命运是如何与人类息息相关的。暴风于十月下旬在大西洋上空形成并向加勒比海中部移动。当暴风飘过暖水海洋，它迅速加强为五级飓风，风力时速达 180 英里 / 小时（约 290 公里 / 小时），然后停止在危地马拉和伯利兹城下面的洪都拉斯北海岸。当它向南缓慢地朝着海滨移动接着向西越过中美洲时，飓风缓慢减弱。最后给洪都拉斯的乔卢特卡省带来暴雨（36 英寸，或 91 厘米），暴雨引发了洪水和山体滑坡，造成 1.9 万人死亡，并对洪都拉斯、尼加拉瓜、伯利兹城、萨尔瓦多、危地马拉的整个基础设施造成毁灭性的破坏。整个村庄被汹涌的洪水和深厚的淤泥一扫而光。

为农业生产而被清除植被的山坡面临山体滑坡时是特别致命的。没有森林固着土壤，雨水的快速冲刷形成泥石流。在植被未被砍伐的地区几乎很少发生山体滑坡。甚至在高大乔木下种植物农作物（如咖啡和可可）的土地也比植被被清除的土地要好得多。

红树林能很好地缓冲风暴的破坏，它比最好的混凝土堤坝更有效，因为它能用与海平面保持同一水平的根系固着沉积物和构建土丘。但是根据美国大自然保护协会的资料表明，自 1950 年以来，危地马拉已经丧失了大约 65,500 英亩（26,500 公顷）的红树林，这是它有历史记录面积的 70%。

红树林能够稳固濒海土地，对沿海暴风，甚至飓风，起到强大的缓冲作用。一般而言，大自然具有随变化而进化发展的能力，但人类并不总是能领会这种能力。

现代城市与自然的纠结

对于许多人来说，内华达州的拉斯维加斯到处是霓虹灯、游泳池和大面积装饰的酒店，在这座城市里对自然的关注可能被放在次要的位置了，但事实并非如此。经过一天的行驶穿越沙漠，我抵达拉斯维加斯。我此行的目的是看看这个霓虹灯之城是否能脱离自然而运转或者它的命运是否与自然纠结更深。我入住位于拉斯维加斯主干道上的宾馆，向外望去就能看到拉斯维加斯大道。这时候是周四晚上 11 点，但是这座城市仍然非常活跃。

拉斯维加斯大道上并排的酒店看起来就像是游乐园。纽约 – 纽约酒店和赌场是一个三层楼高的纽约城市天际线和自由女神像的复制品。在拉斯维加斯巴黎酒店前面有一个略微倾斜的埃菲尔铁塔。百乐宫看起来就像意大利的威尼斯，拥有超过 1,200 个音乐喷泉，修建在一个水域面积超过 8.5 英亩(34,398 平方米)的湖中。

我在几个月前访问加州大学伯克利分校时认识了一位名叫查尔斯 · R. 马歇尔的生态学家，他说："它是如此壮观、无法控制和极致。它是我最喜欢的地方之一，尽管我知道这对于大多数人来说是恐怖的。"马歇尔在来美国之前生活在澳大利亚，在拉斯维加斯结婚，他的父亲也是一样。

赌博在这里是最重要的。我妈妈曾经在恺撒宫的掷骰子桌上连赢十一局，人群聚集在桌子周围，人墙有 4 或 5 人那么厚。但他们对自然却没有如此兴奋。

虽然许多游客看见的只是拉斯维加斯人造的一面，但它的确经历了一个自然发展的历史。20 世纪末期，拉斯维加斯仅是圣达菲贸易通道上的一个驿站，它有两个淡水泉。拉斯维加斯在西班牙语中的意思是"草地"。1900 年，人口已经增长约 30 人，当时甚至都不要做人口普查。

但到 1904 年，小镇被选为联合太平洋公司从盐湖城到洛杉矶铁路的理想的短暂停留点，主要为工作人员倒班和提供相应的生活服务，这个镇开始发展起来。内华达州长期不被约束，拉斯维加斯的运转也是如此。它允许赌博、卖淫、闪婚和闪离。

1928 年圣诞节前四天，卡尔文 · 柯立芝总统签署了一项法案，授权 1.75 亿美元用于拉斯维加斯外的顽石坝(后来改名为胡佛水坝)的建设，这个小镇开始快速发展起来。内华达州立法者让内华达州成为国内唯一一个允许对外开放的赌场赌博合法化的地方。然后，他们降低了离婚的居住年限，从六个月减少到六个星期，这引起了好莱坞的注意。

毕斯 · 西格尔是以辛迪加财团著称的黑社会联盟的头目，他于 20 世纪 40 年代来到拉斯维加斯。他很快迷恋于整个“罪恶之城”的情境，建立了他自己的火烈鸟酒店，开始结交好莱坞明星，包括他传闻中的“老朋友”乔治·拉夫特。但是西格尔与辛迪加财团之间产生了冲突，最终导致他的眼睛在 1947 年被一颗子弹击中。

1951 年 1 月 27 日，原子能委员会在拉斯维加斯外进行一系列的原子弹试验的首次测试。士兵们被故意暴露在测试中以检测核辐射对人类的影响。虽然第一个测试给整个城市留下了破碎的玻璃痕迹，但拉斯维加斯似乎并不介意。最终，这些测试都被转移到地下。多年以来拉斯维加斯用霓虹灯装饰所有的赌场，也许是对丧失核照明的补偿。

第二天早上，我驱车几英里到达拉斯维加斯的内华达州立大学，并碰到了生态学家斯坦·史密斯。他向我展示了一些他办公室门口外右侧的沙漠景观，他们的校园以这些景观而出名。学校标榜自己是一个植物园，校园总面积为 335 英亩(1.356 平方公里)。史密斯一直在研究植物如何适应压力。他还研究气候变化将如何影响沙漠景观和生态系统的结构和功能。

史密斯是一位满头银发且身怀许多奇闻轶事的和蔼可亲的人，他在新墨西哥的拉斯克鲁塞斯长大，在来到拉斯维加斯之前他的大部分时间都是在里诺、内华达州和凤凰城、亚利桑那州度过。他非常熟悉西南部沙漠，尽管他声称大多数拉斯维加斯人更熟悉赌博。史密斯说：“你可以随处看到老虎机，在机场、在杂货店的尽头。亚利桑那州和加利福尼亚的人利用他们的沙漠进行娱乐。当我最后一次作为陪审员时，其他成员则正在比较不同赌场的优惠券，看看哪个赌场的奖励最好。虽然这里有真正的户外运动爱好者，但是大多数人并不感兴趣。”

拉斯维加斯赌场保持窗帘关闭状态，因此你无法看到外面。他们墙上没有时钟，根据室内光线很难判断它是白天还是晚上。酒店(如恺撒酒店)已经精心修饰人行通道引导你进入赌场，但是一旦你进入赌场就很难找到出口的标志。当你设法逃脱时，出口通常是一个停车场或路边区域，这与你进来时的人行通道相比就没那么友善了。

户外活动并不会给大部分拉斯维加斯公民和谋求财富的游客留下深刻印象，但这里的大自然才是真正的财富。荒漠灌丛虽然仅覆盖了 20% 的沙漠地面，但它们是蜥蜴、蛇、老鼠和鸟的重要栖息地。鸟和蝙蝠是重要的种子传播者。它们在雨季取食沙漠的果实并通过粪便传播种子。这些花对于迁徙鸟类和猛禽类的健康是必不可少的。拉斯维加斯周围的山脉生活着山猫、土狼、美洲狮、沙漠龟和大角羊。在拉斯维加斯外科罗拉多河的米德湖附近，我中午站在离酒吧一百码远的地方，看见二十只大角羊，其中有几只羊的头上长着卷曲的大角，当时它们正前去饮水。

虽然它被大部分人所忽视，但这儿最重要的自然因素是覆盖西南部许多沙漠的地壳。在空旷的沙漠地区，生物土壤外壳形成了一个由蓝藻、苔藓和地衣组成的高度特化的群落。生物地壳通常覆盖未被植物占据的所有空间，可能达到空地的 70%。

杰恩·贝尔纳普是一位犹他州莫阿布美国地质调查局的生物学家，他的报告表明生物的和矿物的地壳有助于保持土壤的稳定。发育良好的生物地壳几乎不受风蚀作用的影响。贝尔纳普说："它很坚韧，就像钉子抵御所有风的力量一样，在风洞中对国家公园里未受干扰的地壳进行测试，结果表明生物地壳能承受高达 160 公里 / 小时的风速。"

但是一旦这些地壳被破坏，它们将成为尘埃的来源，并可能会引起强大的沙尘暴。尘埃可以移动相当远的距离。生物学家对非洲暴发的沙尘暴进行追踪，发现沙尘暴一路蔓延至南美的亚马孙河。中国暴发的沙尘暴一路蔓延，漂洋过海抵达大西洋美国。

如果西南部地区应对气候变化的模型是正确的，那么美国西南部的沙漠将会变得更暖和且更干燥。水分较少可能无法形成地壳，沙尘暴将会变得更加普遍。蓝藻、苔藓和地衣对地壳的形成至关重要，地壳对于居民来说如同赌博一样重要，尽管他们并不太欣赏它们宝贵的服务。

水同地壳一样重要，拉斯维加斯把它的生命归功于自科罗拉多河引进城市的水。与纽约市流域一样，来自科罗拉多河的水起源于较少开发的森林中的上游区域。科罗拉多河起源于落基山脉中部的积雪并向南流过 1,450 英里（约 2,330 公里），途经广阔而干旱的地区，这些地区包括美国的七个部分和墨西哥的两个州。

科罗拉多河是美国西南部和墨西哥西北部的主要河流。在成为欧洲殖民地之前，河水进入墨西哥，它在离开墨西哥海岸流入加利福尼亚湾之前形成一个巨大的三角洲。但在过去半个世纪的大部分时间里，上游密集的耗水量已经耗尽河流最后一百英里（160 公里）的水，除了径流量大的年份外，不再有水补充到海湾。虽然它是美国第七长河流，但它的水量却很低。更为糟糕的是，过去几十年里这条已经十分紧张的河流两岸是美国人口增长最快的地区。

近期的展望是黯淡的，远情的展望则更加黯淡。科罗拉多河流量的 80% ~ 95% 源于雪融水，而雪大部分来自科罗拉多州和怀俄明州的落基山脉。内华达州和其他西部各州，如加利福尼亚州、亚利桑那州，已经在设法解决他们自己州内积雪逐渐缩减且所需的水大量依靠科罗拉多河提供的问题。气候变化会减少西南地区的降雨量，同时减少落基山脉的积雪。积雪融化较早意味着冬季和春季可能有充足的水分，但是秋天和夏天将会干旱。

对于拉斯维加斯和科罗拉多河而言，解决问题的关键在于其他沙漠城市——包括凤凰城和洛杉矶——的用水量在不断增加。首先，修建胡佛水坝的主要原因之一就是要把科罗拉多河的水引到洛杉矶和加利福尼亚州南部的其他地区，这些地方的水看上去永远不够。

艾玛·罗西–马歇尔是一位卡里生态系统研究所的水生生态学家，他主要研究科罗拉多河里的当地鱼类。两个主要的水坝，拉斯维加斯附近的胡佛大坝和犹他州鲍威尔湖的下面的格伦峡谷大坝，对科罗拉多河的野生动物和鱼类有着重要的影响，这些大坝改变了它们的生态系统，淹没了它们的栖息地，改变了进化出它们的水温。

位于亚利桑那州北部的格伦峡谷大坝于 1963 年竣工，是美国最后建设的大型水坝之一。为了提供发电所需的水压力，格伦峡谷大坝将水从寒冷的鲍威尔湖深处吸出，使得从大坝流出的水的温度比一年中大部分时间里的自然水温要冷得多。这些温度的变化已经对水生物种产生了巨大的影响。蠕虫、蜗牛和许多原生水生昆虫已经消失了。而这些都是本地鱼类重要的食物来源。由于食物来源的减少，最终导致科罗拉多大峡谷生态系统中本地鱼类减少了一半。

卡里研究所的生物学家罗西 – 马歇尔对一种有超凡魅力且形状奇特的弓背鲑进行了研究，这种鱼是科罗拉多河的本地物种之一，也是一种美国濒危物种和原生水生环境中的一个重要成员。在筑坝之前，弓背鲑受惠于来自科罗拉多落基山脉春季融化的积雪，这些融化的积雪能够自然淹没科罗拉多河的河床并形成周围的湿地和海滩。由于环保组织施加的压力，目前各州水利局在一年的不同时间开闸放水来试图模拟天然径流。但这种策略带来的效益仍在调查当中，也许格伦峡谷大坝和胡佛大坝对河流生态系统的改变使得无法通过大坝调节水流来实现类似过去存在的水的自然流动。

科罗拉多河及其周围环境在未来面临的最大问题是河水正在快速消失，这个问题几乎影响到每一个依赖它的动物和植物，包括人类。米德湖的水量已经下降了大约 40%。目前拉斯维加斯有两条主要的管道抽取湖水，但是这座城市需要更多的水。在米德湖下面，河流正在干涸。用水量最大的用户之一是加利福尼亚州南部的农业，拉斯维加斯大学生物学家史密斯惊奇于到底那些农场有多重要，生产力有多高。但是假如你去除当地的农业，那么你不得不到更远的地方寻找食物，不可避免地在运输食物的过程中排放更多的二氧化碳到空气中，从而导致落基山脉的积雪减少和西南部沙漠降雨量的减少，让水位下降得更低。就像在附近赌场的掷骰子的桌上，直到最后你就是赢不了。

拉斯维加斯山谷包括城市在内有接近二百万的人口，是整个州人口总数的三分之二。工程师正在建议利用本州北部牧场的 145 个巨大水井中的地下水，这些水井分散在内华达州 20% 的土地上，可以通过 1,000 英里（1,600 公里）的管道进行连接。这种情况大约发生在一百年前，当时洛杉矶前往内华达山脉东面以北大约 300 英里（480 公里）的欧文斯山谷寻找水源。洛杉矶从欧文斯山谷牧场主手中购买了水权，当时牧场主误解为他们将得到某些帮助来修改自己的水库，但是洛杉矶修建沟渠并把所有的水输送到了南部。

欧文斯山谷的水越来越少，农民和牧场主不得不迁移到别处。为了洛杉矶居民而进行的水流改道使欧文斯湖到 1920 年变得极度干燥。然后尘土开始扑面而来。到 20 世纪 90 年代，欧文斯湖河岸成为北美大气尘埃 PM10 最大的制造者，这些悬浮微粒很小，足以进入人体的肺部。法院迫使洛杉矶把部分水放回湖中，尽管生态学家持续在争取给那里的水和土地利用带来更多的改变。根据洛杉矶加利福尼亚大学地理学教授格莱格·奥金所说："气候模型预测，西南部将会变得更加温暖且更加干燥，并且到 2050 年，土壤水分将比美国沙尘暴时代更少。"

20 世纪 30 年代，沙尘暴出现在美国中西部大平原。一个异常的丰水期促使人们定居在大平原上，并且已有的降雨使许多人下决心开始在草原上深耕。这导致草地被破坏，而草地通常能在干旱和大风的时候固着土壤和保持水分。因此，在 20 世纪 30 年代，当干旱来临时，这里几乎没有草来固着表层土。1930 年的一场长期而严重的干旱导致农作物歉收，留下耕作的土地暴露在风中而被侵蚀，而肥沃的土壤则被吹向东部。

被称为"黑色暴风雪"的沙尘暴开始刮起后将带来灾难性的后果。1934 年 5 月，两次沙尘暴刮走了大平原的大量表层土，一路刮向芝加哥，并把带来的 1,200 万磅（约 544 万公斤）尘土倾倒在那个城市。两天后风暴到达东海岸，大量的尘土被倾倒在波士顿、纽约市和华盛顿特区，使某些地方的能见度降低到 3 英尺（1 米）。它被称为美国有历史记录以来最严重的干旱。

拉斯维加斯是一个人杰地灵的地方，一座充满了令人难以置信的大型基础设施的现代城市，这些设施几乎完全是在最近一百年建成的。1900 年大约有 30 人定居在山谷中。如今已经有 100 万人在山谷定居。如果它只花了一百年时间变成现在的样子，那么再过多少年——一百年？二百年？三百年？——这里将没有足够的水维持城市的生存，沙漠地壳消失，尘埃开始飞扬，游客将打道回府?

尘土漫天的、干燥的未来可以从现在的科罗拉多河看到，它终结于美国边境以南约 50 英里(80 公里)的地方。那里河床的水是一个浅而窄的沼泽，水中含有大量的盐分和从农业生产过程中冲刷下来的杀虫剂。

奥尔多·利奥波德是一位美国生态学家、林务官、环保主义者和《沙乡年鉴》(1949)的作者，他曾经形容科罗拉多河三角洲就像是一个“牛奶和蜂蜜的荒野，在那里，白鹭聚集就像一场暴风雪，美洲虎在游荡，到处长满了野生瓜类”。如今，在河口生活的谷卡巴印第安人勉强维持生存，那里满是杂草、垃圾和临时性的且水质不健康的沼泽。

或许拉斯维加斯真正的未来可能位于向北约 120 英里(192 公里)的加利福尼亚南部索尔顿海的岸边。这片地区诞生于 1905 年科罗拉多河暂时流向索尔顿海的时候。农田径流——没被污染的话——能暂时维持湖水的质和量。虽然索尔顿海是加利福尼亚州最大的湖，但它也是海拔最低的湖，并且它的水比太平洋的还要咸。

20 世纪 50 年代，索尔顿海作为度假区获得了一些成功，当时作为索尔顿市度假社区，西海岸的索尔顿海海滩和沙漠海岸与东海岸的沙漠海滩、北海岸和孟买海滩开业暂时让人们看到了希望。但随后的发展很少，主要是由于区域的隔离和当地就业机会的缺乏。没有水的外流，湖水污染越来越严重。20 世纪 70 年代，沿海岸线建造的大部分建筑物都被遗弃。电视连续剧《人类消失后的世界》的插曲《假日地狱》以索尔顿海为例，说明像棕榈泉或拉斯维加斯这样的旅游胜地，如果没有人类去维护它，它们最终将走向衰亡。

冬季迁移到湖南面的鸟类仍然吸引着鸟类观察者，但是鸟类南迁的主要原因是帝王谷里所有的沼泽地都被农业用地所占据，而帝王谷也是索尔顿海所在之处。在这里鸟儿无处可去。

索尔顿海的东面围绕着以前的游艇俱乐部，这里大部分是陈旧的废弃拖车和摄影师喜欢参观的各种各样的废墟——纪念那曾经的历史或某些人在废墟中发现的艺术。

拉斯维加斯也可能面临同样的结局。如果土壤中的水低于风沙侵蚀区水平，地壳将会分解，沙土会被卷起而随风飞扬。如果水分耗尽，城市变得干涸，不用多长时间，高尔夫球场、喷泉和游泳池将失去它们的吸引力。如果沙漠变得更热、更干燥，过去五十年的大迁徙和建设热潮将会到达终点。

某些未来的艺术家可能着迷于著名罪恶之城锈迹斑斑的基础设施，在附近的垃圾场里寻找老虎机的遗骸，或者为一些博物馆收集霓虹灯制品。或者他或她可能到处翻寻旧书籍或杂志，希望发现罪恶之城的故事，那些有关它如何最终屈服于干旱、沙尘暴、高昂的电费以及最后一盏霓虹灯熄灭的日子。

人类自身的运气将一直持续下去吗？大自然掌握整个局势。

第九章

漫长的恢复

正如我们所见，我们这一物种不会对我们给这颗星球造成的伤害无动于衷。如果我们继续在所有破坏性的轨道上发展——人口过多、疾病、气候变化、森林和土壤的毁灭、自然资源的枯竭——这其中一项就会把我们踢出局。或者所有这些因素将聚集在一起，让我们走向灭亡。人类最终灭绝，这是一个自然的过程。通常进行得比较缓慢。目前我们已经在地球上生活了 20 万年，这对于一个物种而言只是一个短暂的片段。当我拜访史密森学会古脊椎动物学馆长汉斯 – 戴尔 · 特苏伊士时，他断言："哺乳动物在地球上平均能存活约 100 万年。一种蛤也许能生存 1000 万年。"但是，我告诉他，加州大学伯克利分校的巴诺维斯基认为，在接下来的 300 年里，一次大灭绝可能来临。斯坦福大学的杰克逊也说，未来几百年可能是至关重要的。苏伊士向后靠在椅子上意味深长地笑了。他回答说："没有什么是永恒的。"

实际上，灭绝是一个简单的过程。当一个物种的死亡率超过新生儿的出生率时，灭绝将会发生。如果人口过剩、疾病或上面所列出的所有可能性以目前的速度继续发展下去，人类将在 500 年、5000 年或 50000 年内面临灭绝。一场核战争、一个小行星（定期出现在我们的地质历史中）或一座超级火山爆发（二叠纪灭绝和白垩纪灭绝的主要成因）会加速我们的灭亡。这些因素中任何一个，或多种因素一齐出现可能会使我们彻底灭亡。

问题是我们环顾自己先进的文化并看到一种不屈不挠的力量。但这是一种幻觉。我们实际上更像一种病毒，已经准备好自生自灭了。当我在加州大学圣塔克鲁兹分校的海洋实验室拜访生物学家吉姆·埃斯蒂斯时，他说道："当所有东西都消失时，我们没有理由认为我们能够永久地生存下去。"

所以假设我们跳出这一条条框框，不再停留在原来的栖息地，情况会变得怎样呢？自然界将会发生什么？大自然将屏住自己的呼吸并平静下来，但是大自然要从人类 20 万年的破坏中全面恢复，需要花一些时间。

过去的灾难

地球花费了约 1000 万年时间才从二叠纪灭绝事件中恢复元气。昆虫花了约 900 万年时间才从白垩纪灭绝事件中恢复生机。其他类群的恢复要快得多。目前形势下灭绝过程是如何演进的？这可以从过去地球的大灾难中得到借鉴。

有一个例子体现了大自然破坏和恢复的力量。在 1980 年 5 月 18 日早晨，由于火山内部熔岩爆炸产生的作用力，导致华盛顿州圣海伦火山的整个北面倒塌。爆炸导致 57 人死亡，其中包括火山脚下斯皮瑞湖上的圣海伦火山旅馆的主人和管理者哈里·兰德尔·杜鲁门，尽管人们多次警告，但杜鲁门仍顽固地拒绝离开自己的家。

爆炸推倒了一个位于火山北延伸超过 143 平方英里（370 平方公里）叫作"排料区"的几乎全部树木；这些树木现在依然倒在地面上，像阵亡的士兵一样，倒向爆炸处相反的方向。那个区域边缘上的树木都被火山喷发出的炽热的岩石和气体流灼伤和杀死，当时喷发的速度达到每小时 125 英里（约 200 公里），温度达到 1,200 华氏度（650 摄氏度）。那次火山爆发形成了一个由浮石组成的荒地，浮石面厚达 131 英尺（约 40 米），向北延伸了 6 英里（约 10 公里）。

爆炸区域内的大部分土地属于私人或森林服务性财产。因此，人们在一部分土地上进行了广泛的抢救性伐木工作，在五年内完成了树木的重新种植和生长恢复工作。但对于占地 110,000 英亩（约 445 平方公里）的圣海伦火山历史遗迹来说事情并非如此。这个历史遗迹是美国国会于 1982 年为纪念火山爆发后森林的自然恢复而建立的。研究人员声称，圣海伦火山是目前全世界被研究最多的一座火山。

我在火山爆发十年后参观了这个公园，并花费大部分时间追逐几群驼鹿，试图了解物种是如何返回这片区域的。草和较小的植物已经迁入火山爆发后由大火毁灭的这片荒地。驼鹿从公园外迁入此地，贪婪地咀嚼着这些埋在灰烬下的嫩芽。

就在最近，人们为历史遗迹举行了 30 周年庆典，这里的生物学家和地质学家都在记录着大自然的更新过程。在 1980 年 5 月 18 日上午 8 点 32 分，野生动物在此休息了一小会儿，接着加速恢复进程。那一年，圣海伦火山的春天到来得晚，地上厚厚的积雪保护着森林中的灌木丛和植物以及生活在下面的动物。湖泊仍处于冰封状态，许多鱼类和两栖动物完好无损地幸存在冰面下。由于这一切都发生在春天，候鸟以及鲑鱼还未返回。夜行性动物在火山爆发时已经进入冬眠，一些待在洞穴中，它们的情况远比那些在黎明时起床、已完全清醒的邻居要好得多。

植物在最初的几年中开始重新生长，它们的种子从灰烬中长出或是被再次入侵这里的动物携带进来。风同样为传播蜘蛛、昆虫和种子发挥了关键作用。在几年内，草原羽扇豆，一种主要开紫色或蓝色的花、长着柔软的银色叶子的植物，在此重新生长起来，甚至长在浮石上。这种植物能固定空气中的氮转为己用，并给其他植物创造了小的微生境。这些植物吸附被风吹散的残骸和吸引昆虫，最终增加有机质使它们下面的土壤变得肥沃。

新生的草和植物为鸟类、小型动物和更大的植食性动物提供了食物。火山爆发十年后，这里最常见的大型动物是驼鹿、黑尾鹿、野山羊、黑熊和美洲狮。驼鹿和鹿的数量是最多的。火山爆发的时候居住在此的动物种群太大，以至于无处可逃或隐藏在洞穴中而被残忍地杀死了。但是火山爆发形成的开阔栖息地和出现新生的植物吸引了公园外的其他动物种群重返公园。

植物的定居进入繁荣与萧条的周期。单一物种闯入缺乏竞争的区域，最先进入的草类植物为最具优势的群体。它们呈爆发式增长，但一旦捕食者、寄生生物和竞争回归时，这些新来者种群趋向于毁灭。然而更多的物种逐渐建立种群，多样性得以恢复。随着多样性变得稳定，也建立起来稳定的群落，演替的速度慢了下来。

三十年后当我参观这座公园时，在那些树林曾被埋藏在雪下或被石头保护的区域里，森林已经恢复。幸存下来的森林的物种组成已经发生改变。在火山爆发之前曾经是更高大的花旗松生长的区域里，更耐阴的林下树木，如高山铁杉，已经成为优势植物。火山爆发那天从空中掉落的那层火山灰甚至几年后都能使太平洋银冷杉之类的树木凋零。

然而，位于火山处的喀斯喀特山脉的优势植物——松柏类植物仍未完全恢复。松柏类植物容易受到干旱影响，而且需要某种类型的土壤真菌助其生长。火灾或火山爆发后的森林生长的更替表现为一系列的植被变化。首先出现的是灌木丛或不稳定乔木，最后出现的是更具优势、稳定的植物(科学家称之为“顶级群落”)。松柏类、结球果的树木(如花旗松)、西部铁杉、美国黑松和太平洋银杉在未来几十年里将成为优势植物。但真正的原始森林再次出现需要经历几百年的时间。

1883 年 8 月 27 日，一座位于苏门答腊和爪哇之间的印尼岛屿——喀拉喀托火山爆发。这次事件是大自然肆意毁灭和重生的又一个例子。它被称为当今世界第一次重大的自然灾难，因为那时的电报线已越洋铺设，这次爆发以电子传输的速度成了国际性新闻。

爆发前两个月的时间里，火山一直在喷射火山灰和浮石，还伴随着震耳的爆炸声。周围岛屿的村民举行了近似节日般的活动来向大自然发出的号角声致敬。但没有人为即将发生的事情做好准备：当今最严重的一次火山爆发。

一系列灾难性的爆发开始于 8 月 26 日中午，一直持续到第二天，并以一次最壮丽的爆发作为终曲。第二天，北部三分之二的岛屿塌陷沉入大海，形成一系列巨大的火山喷发，紧随其后的是一系列奔向周围岛屿的海啸。海浪把小船抛向空中，将整个村庄卷入海中。死亡人数超过 36,000 人。

罗德里格斯岛的一名警察局长也能听到火山发出的巨大爆炸声，尽管他离火山有 2.970 英里（4.770 公里）远。他说："像军舰的炮火声。"这相当于在英国伦敦的人能听到马里兰州巴尔的摩的爆炸声。火山灰和浮石升垒成了高度接近 30 英里（48 公里）的堡垒，大量的巨大浮石如下雨般落在周边海域。一些浮石组成的岛屿随后被发现漂浮在水中，载满了骨架。

自从火山爆发以后这片区域究竟发生了什么变化？这个故事是鼓舞人心的：在一个世纪里，原来一年内都寸草不生的喀拉喀托火山的断壁残垣已经被热带森林所覆盖，森林分布在从海平面到 2,600 英尺（约 800 米）的顶峰。目前，这里有超过 4,000 种植物，数以千计的节肢动物（蜘蛛、甲壳类动物和昆虫——包括 54 种蝴蝶）、超过 30 种鸟类、18 种陆生动物、17 种蝙蝠和 9 种爬行动物，其中许多物种必须跨越 44 公里的海洋才能到达这些岛屿。虽然火山喷发之前并没有进行物种数量统计，但现在动物的数量可与附近地区的物种数量相匹敌。

澳大利亚拉筹伯大学荣誉教授伊恩·桑顿写了许多关于火山的论文，他报道称，喀拉喀托火山提供了"一次令人乐观的教训"：如果不受干扰并有足够的时间，热带雨林生态系统能够从极端的创伤性破坏中恢复过来。

火山爆发造成的后果，从圣海伦火山爆发乃至喀拉喀托火山爆发到二叠纪大灭绝是一个巨大的飞跃。尽管如此，一些同样的原则依然是适用的。

二叠纪大灭绝之后，大地也是一片荒芜。西伯利亚暗色岩火山爆发喷出的火山岩物质足以覆盖与美国大陆面积相同的区域。接着所有陆地拼合在一起形成超级大陆盘古大陆，从而切断了海洋环流，而海洋中的生命物质开始失去氧气。气流开始停止移动，导致致命毒气二氧化硫（SO_2）的释放。海洋变得呈酸性，甲壳类动物和珊瑚虫无法长出硬壳。不像圣海伦火山和喀拉喀托火山，二叠纪灭绝的形成不是一次火山喷发导致的，它是一系列的火山持续喷发造成的结果，而这一结果持续了几千年。

地球并没有迅速恢复。研究人员称，众所周知，三叠纪早期岩石缺乏化石，使得学校很难招到研究生去研究它们。道格拉斯·欧文在他所著的《灭绝》一书中将三叠纪最早期比喻为塞西亚宝藏被掠夺后的残迹。赛西亚源自《被缚的普罗米修斯》这本书，其作者埃斯库罗斯说道："我们已经来到了世界的尽头；塞西亚的国土，一个杳无人迹的废墟。"

灾难之后的复苏，如同圣海伦火山和喀拉喀托火山那样，来自灾难后的幸存者和周围的移民：鸟类、鱼类、小型哺乳动物和爬行动物。更大型的动物，驼鹿、鹿、丛林狼和美洲狮，在圣海伦火山喷发之后接踵而来。面对一个空白的空间，进化加速生命的起源，就像第一个定居在加拉帕戈斯群岛的雀类新物种的扩散和增殖那样。

随着二叠纪大灭绝，地球的毁坏程度更大，恢复的时间更长。史密森学会古生物学家道格拉斯·欧文将二叠纪的恢复比作一个空棋盘，棋盘中每平方格代表独特的生态位。灭绝之后的空地给生命、快速的物种形成和个体领土的扩张提供了不同的机遇。那些环境比圣海伦火山或喀拉喀托火山更复杂，圣海伦火山和喀拉喀托火山爆发并没有导致新物种的形成，而二叠纪灭绝导致大规模的物种改变，并且花费了一千万年（不是一百年）才恢复原样。

对于二叠纪大灭绝，这不仅仅是物种丧失的问题。许多支配生态关系的规则也被遗弃。据欧文所说，板块完全解体，当比赛重新开始时，它变成了“一半是国际象棋，一半是西洋双陆棋，某些规则还来自扑克牌”。在二叠纪期间，只有十分之一的蜗牛或蛞蝓是捕食者。它们通过搜寻水和淤泥中的有机残骸来维持生存。它们中的一些是食草动物，嚼食藻类。但在二叠纪大灭绝之后这一切都改变了，因为蛞蝓和蜗牛成了恶毒的捕食者，大都采用剧毒来捕获猎物。

新物种

在三叠纪的第一个三百万年里，大地就像一座鬼城。在小部分存活下来的物种中，仅有少数物种在几百万年前甚至几百年后繁盛起来。大灭绝之前，消极的动物群体占优势，但在大灭绝之后，活跃的动物群体取得了控制权。在这样一种变化的环境中，坐着等吃，不如外出捕食有用。

据史密森学会古生物学家汉斯－戴尔特·苏伊士所说，环境的恢复时断时续。陆地上消失的物种数量并不比海洋消失的物种数量多。一些物种从避难所中重新出现，这些避难所为孑遗植物和动物提供了安全的港湾。热带地区可能就是这样一个避风港。

智利北部的弗雷乔治国家公园可能是这些避难所中一个最好的例子。当人们开车进入公园时，只能看到沙漠。这个地区每年的降雨量不超过 6 英寸（约 152 毫米），而这儿的沙漠灌丛更让人联想到美国西南部的荒地而不是亚马孙河苍翠繁荣的景象。然而，位于太平洋海平面以上的海拔约 1,500 ～ 2,000 英尺（460 ～ 600 米）的沿岸山脉的顶峰上的确是一片片生机勃勃的向四周绵延 30 英亩（约 12 公顷）的雨林。树木高达 100 英尺（约 30 米），直插云霄，蕨类植物、苔藓和凤梨科植物点缀着它们的树冠。当你下车后，沿着一条干旱的荒漠小径向上走时，就会发现你正穿过荒漠灌丛进入到森林之中。然后最大的惊喜就是：当你进入森林时天突然开始下雨了。

这不是来自天上的云所带来的雨，而是由树冠上的雾水滴落下来的，这些树能非常有效率地掠夺空气中的水分，以至于它们能够从雾中得到获得它们生命所需要的四分之三的水分。这些雾气同样提供营养物质。凯瑟琳·C. 韦瑟斯是一位卡里研究所的生物地化学家，一直在研究生态系统服务。她和她的同事已经发现，这些雾气源自地球上某些富饶的海水，承载着重要的氮和其他化学元素。相似的令人匪夷所思的避难所可能保护物种免遭二叠纪灭绝的灭顶之灾。

在三叠纪早期，盘古大陆内部的大部分地区还是炎热、干旱的沙漠。组成盘古大陆的大陆板块拼合在一起，但随着盘古大陆完成最后的拼装，板块开始再次裂开。三叠纪结束之前，由于连接地壳的下陷，形成了大西洋，北美洲与欧洲和非洲脱离。尽管如此，南方大陆地区仍处于热带雨林，这也许是安全的港湾，就像智利的雾林一样。

但是物种开始比以前任何时候发展得更快。正如圣海伦火山和喀拉喀托火山那样，三叠纪早期首批出现在荒地的物种是杂草一样的机会主义者。道格拉斯·欧文在《灭绝》一书中写道，“它们在生态上等同于春天里自发在草地上生长的蒲公英”。虽然这些“杂草”并非总是植物，但就它们迁入开阔的领土和扩散的行为而言，它们像杂草。在犹他州南部松林中的矮松体内有三叠纪早期扇贝克氏蛤的钙化残留物，克氏蛤是杂草般的物种，兴盛于美国西部大部分地区被海洋覆盖着时，而如今它们的贝壳化石组成了由成千上万软体动物的遗骸修建成的人行道。

蕨类植物是在其他区域首批主要的殖民者之一。它们造就的区域类似于今天的热带稀树草原或草原。松柏类可能是三叠纪第一批大型树木。在亚利桑那州石化林国家公园大部分令人目瞪口呆的树干就是松柏类。它们与树蕨以及银杏这类与松柏类相关的植物相伴生长。今天幸存的银杏属的唯一物种是银杏（*Ginkgo biloba*），许多世纪以来在中国一直被用作中草药。这种树有扇形的叶子，日本有时称之为 I-cho，意思是“叶子长得像鸭掌的树”。

没有植被的荒地开始逐渐消失。随着搜寻空间变得竞争更为激烈，植物开始迁入低地，形成沼泽，导致煤再次出现。但这一情况一直持续到三叠纪末期，此时地球已又覆盖了一层新绿。

随之而来的二叠纪灭绝，植物和动物经历了相似的演替。在一个春日里，汉斯－戴尔特·苏伊士领着我走进史密森学会的一间密室，给我展示了一些重要动物的化石，这些化石曾兴盛于二叠纪大灭绝之后风云变幻的世界里。这个房间里的金属支架上摆满了木盒。休斯微笑着伸手从一个盒子里掏出一个头盖骨，说道："这是水龙兽，即使它们相当丑陋，但在三叠纪早期，它们曾是最具优势的动物群体。"让人感觉它似乎是他的一位老友。"头盖骨是圆形的，有一个狮子鼻和没有了獠牙的牙槽。它如果去推销啤酒或牙膏是没人买的。"

在那段时间里，动物的恢复过程是植物恢复过程的翻版。在三叠纪早期几乎没有动物的生命迹象，但那些幸存下来的物种遍布了整个世界。水龙兽化石是从二叠纪灭绝中保留下来最多的遗骸。它是早期哺乳动物的近亲，有像河马一样光滑的皮肤，角状的喙也许覆盖了上下腭。水龙兽的一些表亲体重达到近 2,200 磅（约 1,000 公斤）。尽管如此，它还能随处走动。在三叠纪早期，它是南美洲、印度、南极洲、中国和俄罗斯的优势脊椎动物。

在三叠纪早期几乎没有捕食者。大多数动物都死了，没有足够的东西提供给捕食者食用。唯一真正的消费者是被所有死尸吸引的真菌。苏伊士从箱子里拿出另一个化石。这是一只丽齿兽的头盖骨，它是具有巨大犬齿的凶残的捕食者。它是二叠纪末的优势捕食者，它的一些亲属体形能达到狮子大小。但丽齿兽没能跨过二叠纪－三叠纪的灭绝线。

灭绝的绝对强度，加上氧气减少、气候变暖和其他危机在二叠纪灭绝后的 500 万至 600 万年里持续致命性地爆发，延迟了三叠纪早期地球的恢复。甚至在二叠纪灭绝后的一千万年里，地球还是一片荒凉。河流水系格局证实了植被的灾难性损失，这对于植食性动物来说不是一个好兆头。全球变暖、酸雨、海洋酸化和海洋缺氧（缺乏氧气）持续了一段时间，正如沉淀在地球的温室气体一样。温室气体不会快速消失。当时仍然存在生命，但它是贫乏的。直到 2.4 亿至 2.3 亿年前，情况开始发生改变。

这是鳄型超目爬行动物(一类像鳄鱼的动物)和第一只恐龙开始形成的时期。在海洋中，螃蟹和龙虾的祖先以及最早的海洋爬行动物正在组成最初的生态系统的一部分，但是，与如今的子孙(鳄鱼、短吻鳄、凯门鳄、印度鳄)不同，鳄型超目并不是半水生的兽类，而是陆生兽类。它们也不是当时排名第二的捕食者。在那时，它们统治着整个大陆，是地球上最凶暴的捕食者。

在汉斯迪 – 特尔 · 休斯和尼古拉斯 · C. 弗雷泽所著的《三叠纪陆地上的生命：伟大的转变》一书中有一个描述，让你感觉在三叠纪晚期这种长得像鳄鱼的动物是多么残暴。这是发生在北美洲西部的一个场景，一只巨大的植龙正站在浅水区域里，它看上去像一辆柴油卡车，唯一不同的是它有一条长而厚的尾巴和巨大而多洞的鳄鱼嘴，当时它被一群长着长而纤弱的腿的动物包围，这些动物看起来像一群狗，但长着类似鳄鱼的脸。当时有 5 只鳄型超目爬行动物完全把植龙包围了起来，尽管植龙的体形正如图画上那么恐怖，但这些爬行动物并不在意它的体形。

在大多数情况下，这些动物都是陆生生物。其体形和颌的肌肉组织使它们区别于其他动物。在三叠纪时期，鳄型超目遍布了整个大陆，进化成不同的形态，从像狼一样有着细长腿的动物到体形庞大而可怕的动物，它们是食物网(以前的食物链)的顶端捕食者。

约 2 亿年前的三叠纪末期，在大西洋中部更多的火山活动升高了大气中的二氧化碳(CO_2)，带来了一些与二叠纪时期相同的后果，而且由于许多最大型的鳄型超目物种的灭亡，鳄型超目动物失去了对于恐龙的优势。随着陆地竞争者的灭亡，恐龙开始扩展它们的领地，进化成不同的种类并接管了陆地。

但鳄型超目没有失去它们所有的凶残。芝加哥大学的古生物学家保罗 · 赛瑞诺发现，在 1 亿年后的古撒哈拉沙漠的沼泽中，许多史前鳄型超目动物仍然与恐龙生活在一起。它们仍是可怕的生物。

帝王鳄（*Sarcosuchus imperator*），绰号史前巨鳄，长约40英尺（约12米），重达8吨。塞瑞诺所指的野猪鳄则有20英尺（约6米）长，有三排獠牙，并被喻为“恐龙切片机”。但它的腿长而敏捷，不像今天我们看到的鳄鱼那样，腿是蹲着的并接近于地面。现代鳄鱼在水中等待并跳起抓捕它们的猎物，野猪鳄却能够跳出水面冲上岸捕食恐龙。

在二叠纪灭绝之后的三叠纪所经历的5000万年里，这些类似鳄鱼的动物成为优势捕食者而得以进化。正如新捕食者的攻击机制发生变化，植食性动物的防御能力也变得更加强大。鳄鱼统治陆地一段时间之后，恐龙紧随其后，它也许是在接下来的6亿年里进化最成功的生物。就在恐龙统治期间，哺乳动物也躲藏在灌木丛中，等待自己翻身接管时代的那一刻。

关于这些物种的冗长故事证明了两件事：即使最强的物种也是脆弱的；即使特征或物种可以改变，但生命仍将继续。

物种灭绝，生命不息

对于一些物种，包括我们自己，一次大型灭绝事件可能会带来严重的后果，但它不会停止生命的延续。植物、动物、鸟类、爬行类、鱼类、真菌和细菌，这些生命形式将找到一种方式生存，最终适应人为、自然选择或宇宙所造成的任何生存条件。在过去的30亿年里，进化被证实是不可阻挡的。即使在战争地区也会有生命幸存下来。只要你赋予大自然空间，它就能找出生命延续的方法。

在冬天里一个清爽的下午，我和一名来自奥兰治县合作研究美洲狮项目的研究员戴夫·乔特站在加利福尼亚州圣安娜山脉的一个高山顶上，这时他的跟踪装置传来了哔哔声，提示乔特他的研究对象美洲狮就在附近。我们的周围是潘德顿营区海军陆战队基地，每年有175,000人在此训练。头顶上，一个空军中队的喷气式战斗机快速飞过爆炸范围。在不同的时间里，我们听到迫击炮、机关枪和火箭爆炸的声音。

然而，尽管到处是噪声，彭德尔顿营区约 75% 的区域实际上是一个野生动物避难所，随便一片广阔的面积就相当于整个罗得岛州的军事保留地了。军队需要开阔的空间培训人员，就像火炮和飞机的周围需要缓冲区一样。如果我们在空中飞行，将看到这片区域已被军事活动弄得满目疮痍，但也会看到围绕在基地周围的呈棋盘状分布的民用住宅和购物中心。

美洲狮、山猫、丛林狼和獾在此以捕捉鹿、兔子和啮齿类动物为生，鹰和隼在空中盘旋，还有大量的鸭和岸禽。基地里甚至还有一群水牛。军事地区内常有军队巡逻，所以很少有非法捕猎之事。军事法律对违反者实施更严厉的惩罚。一位美国空军上校说："如果你违反规则将会自食其果。"

驱车向南穿过彭德尔顿营区，沿着海岸高速公路 5 号州际公路，你将离开城郊，进入一片区域，那儿唯一的不足就是开阔的山脉被金色的草丛和海岸灌木所掩盖，与长长的沙滩形成鲜明对比。由于缺乏食草动物，大的橡树枝条垂落到地上，许多区域被草本植物和花所点缀。这个区域如果不是属于海军陆战队，那么就可能布满了房子、加油站和小型商场。

朝鲜非军事区是大自然能在最坏情况下坚持下去的另一个例子。这个区域是平分朝鲜半岛的三八线，长达 148 英里（238 公里）。它建立于 1953 年，代表了朝鲜和韩国在经过几年战争后的停战边界线。顶部设有刀片刺网的 10 英尺（约 3 米）高的钢丝网围栏阻止双方相互交往。

停战协定虽然阻止了大屠杀（截止至 1953 年 7 月 27 日有将近 90 万名士兵和 200 万名平民伤亡），但没有阻止冲突的发生，因为这两个国家在法律上仍然处于交战状态。来自两国数以万计的军队和超过 3 万名驻扎在韩国的美军都荷枪实弹地在这片区域巡逻，并配备有坦克、大炮和弹道导弹，所有人都保持着警惕。

但武力炫耀并没有剥夺这一无人区在大自然里的价值。由五条河流形成的湿地和陡峭且林木丛生的太白山脉，把这个地方变成了完美的野生动物保护区。

这片面积约为 400 平方英里（1,036 平方公里）的非军事区（DMZ）是麝香鹿、黑熊和猞猁的家园。全世界约有三分之一的丹顶鹤种群依赖于非军事区的生境。全球 90% 的黑脸琵鹭在这里的岛屿上繁育。大约有 1,500 只全球最大的秃鹰种类比如黑美洲鹫冬天在此停留。

金科钟来自宾夕法尼亚州立大学，也是 DMZ 论坛的共同创始人，这个论坛提倡将非军事区作为和平公园来保护，据他所说：非军事区的消失将给长得像山羊的阿穆尔斑羚、西伯利亚麝香鹿和其他生活在韩国的动物带来灭顶之灾。现在这片大自然正被世界上其中一个最大和装备最精良的军队所保护。在过去其他地方的冲突中也有这样的区域，包括联合国在伊拉克和科威特之间建立的缓冲区和越南在南越、北越间的非军事区，这些例子都很好地证明了大自然在无人干扰的情况下有多强的生命力。

也许乌克兰切尔诺贝利核电站周围的禁区是体现大自然强大生命力的一个好例子。核电站 4 号反应堆发生爆炸事件已经过了 25 年。危险的放射性物质曾遍布于乌克兰、白俄罗斯和俄罗斯的大片土地。今天，整个城镇仍被遗弃，周边地区人们的癌症发病率非常高。废弃反应堆周围形成的 1,100 平方英里（约 2,850 平方公里）的禁区却成为野生动物的家园，这里的野生动物数量惊人，种类繁多。

狍和野猪在荒废的村庄中漫步，蝙蝠在空置的房子里进进出出。野猪也已经喜欢上了这些村庄。一些稀有物种如猞猁、普氏野马、雕鸮在这些人们已经废弃的区域中繁衍生息。甚至狼也在此东山再起。

这并不代表一切都很顺利，没有问题，没有什么可担心。詹姆斯·莫里斯是一名南卡罗来纳大学的生物学家，他主要在“红森林”开展研究，之所以称为“红森林”是因为反应堆爆炸后松树针叶都变成红色的了。他曾见过长得怪异且扭曲的树，这是由于辐射破坏了这些树了解上下生长方向的能力所导致的结果。

在《动物生态学杂志》中发表的一项研究表明，在切尔诺贝利，鸟类的繁殖率要比对照种群的繁殖率低得多。在 PoLS（《公共科学图书馆》）上发表的另一项研究表明，当地鸟类的大脑体积比鸟类平均大脑体积小 5%，这可能会抑制它们的生存。在其他地区每年大约有 40% 的家燕归回，但在切尔诺贝利，家燕每年归回率为 15% 或更少。

然而英国朴茨茅斯大学的吉姆·史密斯教授开展的最近一项研究表明，大多数野生动物已经从最初辐射的伤害中恢复过来了，而且它们仅仅因为人类的远离就比以前活得更好了。基辅的生态学家相信辐射的影响将随着时间的推移而减小，但真正有新闻价值的是切尔诺贝利如何恢复繁荣。他们希望有一天这个区域能成为一个国家公园。

切尔诺贝利核事故并不是我们唯一出现的核问题。在 2011 年 3 月 11 日，日本福岛大地震导致海啸淹没了位于东京以北 149 英里（约 240 公里）的福岛县（省）的福岛第一核电站，切断了运行中的三个反应堆里至关重要的冷却系统的电源，导致了历史上第二严重的核事故。那些设施至今仍残留毒性。

福岛野生动物普查发现，鸟类、蝴蝶和蝉的丰富度已经减少；大黄蜂、草蜢和蜻蜓没有受到影响；蜘蛛的数量实际上增加了，可能因为它们通常捕食的昆虫都较弱，更容易捕获。最终，昆虫的数量将开始减少。小型哺乳动物、爬行动物和两栖动物保持很低的数量，但禁区中已经干净的区域随后可能就会吸引它们进入。科学家相信，在更多的世代更替后，突变将表现为昆虫和动物的周期性变化。

一些生物学家所关注的是被冲入海洋的放射性物质。日本处于北太平洋多个海洋物种的迁徙路线上，包括金枪鱼和海龟。现在，初次爆炸及其辐射与短寿同位素对福岛事故发生地的影响依旧强烈，反之，某些辐射初期效应在切尔诺贝利已经消失。对野生动物来说，枪支、炸弹和放射性废弃物不是影响最大的因素，它们比数量迅速增长且消耗着每一英寸开阔空间的人类的影响要小些。这些武器阻止了人类、混凝土和沥青的逼近，给植物的生长提供了一些生长空间。尽管如此，人类仍有许多不太显眼的破坏野生动物栖息地的方式：只要看看我们的海洋就知道。

第十章

陷入困境的海洋：海洋的未来

海洋覆盖了地球 71% 的表面积，包括 97% 的地球水资源。巨大的波浪中储存着大量的能量，风暴和地震偶尔也会释放出大量的能量。生命起源于海平面之下，不断搅动的海水为生物的进化提供了完美的场所，尽管其丰饶已不如我们造船出海之前。

虽然海洋对人类来说意义重大，但我们对于海底世界的了解如同对火星的了解一样少。海洋是一个国际条约都难以约束的无人区。它是最后的边境，是我们依然可以大量猎杀野生动物的最后一个地方，也是一个我们可以捕捞仅初步了解分布范围的野生生物的最后一个地方。

海洋的过度捕捞并不是我们面对的唯一困境，因为我们还必须处理遗毒海洋的污染物。全世界的海洋正在吸收大气中不断攀升的 CO_2。这将提高海水酸度，降低 pH 值，对磷虾造成一定的危害，而磷虾是在北极和南极高纬度海域觅食的鲸鱼最喜欢的食物资源。越来越多的证据显示，生物学家还相信酸度的提高降低了鲸鱼接收异性交配信号的能力是正确的。这两种影响对鲸鱼的种群是灾难性的。

当我陪同来自夏威夷大学希洛分校的亚当・帕克副教授前往位于夏威夷群岛的座头鲸交配和繁殖场所时，我亲眼看见了人类的变迁对海洋环境的重要意义。我们乘船刚离开毛伊岛的拉海纳港口仅几分钟，一头巨大的座头鲸就跳出水面，它的整个身体短暂停留于空中，撞向海洋时水花浸湿了我们船上所有的研究人员。

但是当时帕克的注意力并不在这个庞然大物身上，他观察的是更远处洋面上不停翻滚的一群鲸鱼。很快我们的船停在了一群雄性座头鲸的外围，它们正包围着一头孤独的雌性座头鲸。

当我和帕克的几个学生正从船上往下看的时候，他穿着一件防水衣拿着摄像机溜到船边。每年有超过一万头座头鲸从阿拉斯加州和北太平洋沿岸地区的冬季觅食场迁徙到夏威夷水域。在这头孤独的雌性座头鲸周围，雄性个体头对着头，用鳍条相互鞭打着对方企图靠近雌性个体，想要成为雌性个体主要的陪同者，然后在雌性个体接受交配时，它可以成为第一个进行交配的雄性座头鲸。

帕克及其同事们的研究表明，较大的雌性更喜欢较大的雄性。而这一天，在这个危险圈子中游荡的雄性座头鲸似乎不到一半的个体是少年个体。但是，当你考虑到它们为了到达这里消耗太多而奖励甚少的时候，眼前这个奖励已经算是不少了。少年座头鲸来到这里观看，它们并没有机会接近雌性。它们从阿拉斯加东南部旅行了 6,000 英里（9,600 公里）来到夏威夷。由于禁食，这场旅行中大部分少年座头鲸将耗费它们整个体重的三分之一，这是它们为学习交配行为所需付出的昂贵学费。

生物学家并不完全确定这些座头鲸为什么要进行如此艰苦的长途跋涉。可能是夏威夷水温偏高，幼体出生时并不需要周围有一层很厚的脂肪，又或者可能是夏威夷水域捕食者较少，特别是虎鲸。华盛顿奥林匹亚的约翰·凯尔郎姆布凯迪在卡斯卡地亚研究项目中发现，在所检查的座头鲸中超过 25% 的个体身上留下被虎鲸袭击过的牙印。但座头鲸宁愿冒着这样的风险也要来寻找交配的机会。

雄性座头鲸不仅仅依靠它们的体形来吸引异性，它们还会利用它们的歌声，这是繁殖的一个重要部分。虽然少年座头鲸被排斥在交配之外，但它们仍然和成年个体一样唱歌。20 世纪 90 年代，澳大利亚海洋哺乳动物研究中心的科学家在某一年记录了两头雄性座头鲸唱的一首特别的歌曲，这歌曲不同于澳大利亚沿海所记录到的其他 80 头座头鲸的歌曲。第二年，有更多的雄性座头鲸开始唱这首歌。接着下一年，所有的雄性座头鲸都开始唱这首歌。这对鲸鱼开启了一个音乐潮流，一种文化形式。但是海水酸化可能正在影响它们的歌声以及食物。

座头鲸是一种适应性动物。阿拉斯加鲸类基金会的研究人员曾目睹了座头鲸在成群的磷虾或是小鱼下面潜水并且在鱼群周围吹着泡泡，使虾群或鱼群更紧密地聚集在一起，然后鲸鱼从虾群或鱼群下方升起，同时张开大口尽可能地捕捉所有生物。

科学家们曾一度认为海洋或许是理应容纳陆地上不断增加的 CO_2 的水槽。一些科学家甚至在寻找促进海水吸收 CO_2 的方法，但结果证明海洋本身就有很好的吸收 CO_2 的能力。海洋中的 CO_2 与海水发生反应形成碳酸，从而导致海洋酸度的增加。最终结果是海洋的酸度比过去增加了 30%，我们将为此付出代价。

海水的酸化对众多鲸鱼喜食的磷虾来说是有害的。澳大利亚南极局的研究表明，大部分暴露于高酸化水平下（2,000 ppm）的虾的胚胎无法发育，也不会成功孵化。冷水域比温水域能吸收更多的 CO_2。到 2100 年，南冰洋的 CO_2 水平将增至 1,400 ppm，是目前的 3.5 倍，接近赤道水平。这对海洋生物来说是毁灭性的。

在体外包裹骨骼的海洋生物，如虾、蛤蜊和珊瑚将发现它们的外壳开始被周围不断增强的酸性环境所溶解。磷虾看起来像小虾，它的骨骼包围着身体像一套薄薄的盔甲。这些外壳可以保护它们躲避恶劣天气，但海洋的酸化会破坏那层保护。

此外，海洋的酸化还会影响鲸鱼听到其他个体唱歌的能力。加利福尼亚州蒙特雷湾水族馆的研究人员发现酸化减少了海水吸纳低频率声音的能力。这就增强了来自气流、动物和人类的环境声的强度，这些声音频率与鲸鱼相似，所以更加难以辨别鲸鱼的声音。海洋现在能吸纳的音频较工业化之前至少减少了 12%，而且预计到 2050 年将上升至 70%。

随着海洋环境越来越嘈杂，可能无法听清鲸鱼的声音，而这是鲸鱼交配系统的一个关键组成部分。

座头鲸和其他鲸鱼是从同牛羊一样的陆栖动物进化而来的。大约6000万年前，这些动物回到海洋。当它们的鼻孔向上移至前额并成为气孔时，它们便慢慢进化出了能够饮用咸水的能力。它们的祖先繁衍了不同家系的海洋哺乳动物，包括鲸鱼。其中一些，如虎鲸，喜欢猎食其他不同的海洋哺乳动物，包括其他鲸鱼；而另一些，如座头鲸，它们嘴里进化出纤维质的梳子状鲸须，能过滤小虾、磷虾和其他以大群方式移动的生物。

尽管起源于海洋，但鲸鱼已无法再进化出鳃了，正如我采访汉斯·迪特尔·休斯时他说的，“进化不会倒退”。因此，鲸鱼必须学会在海洋表面呼吸空气。它们逐渐失去了双腿，尽管一些鲸鱼尾巴的附近仍然存在腿的残迹。任何发生如此大程度改变的动物都足以证明进化那难以置信的改变生物的能力。

20世纪的前七十多年，商业捕鲸导致鲸鱼数量减少了超过99%。开始商业捕鲸之前，鲸鱼的种群数量估计为25万头，而过度捕捞导致座头鲸几乎濒临灭绝，仅剩大约2,000头。1970年，座头鲸被列为濒危动物，今天其数量已经增至超过20,000头。但是海水酸化会影鲸鱼的繁殖，尤其是海水酸化会随着气温升高而更为严重（主要是由CO_2引起的）。

气候变暖会导致极地冰川的融化。一些生物学家们称之为北极的大西洋化。海上浮冰的消失可能影响北极圈原生鲸鱼，如象牙白的白鲸和像独角兽的独角鲸。这两种鲸都缺少明显的背鳍，这是位于鱼类和某些海洋哺乳动物背部的鳍，缺少背鳍使它们能够更容易在冰下捕食。虎鲸突出的背鳍曾阻止它们在冰冠下的捕食，但随着冰层的融化，它们能够完全自由地捕食北极圈的原生鲸类。它们可能捕食北极露脊鲸，尽管小须鲸完全可以满足捕食者日益加剧的食物需求。

海洋酸化与拉撒路的复活

许多研究者都在关注极地冰川未来的前景。加州大学圣巴巴拉分校的海洋生物学家格雷琴·霍夫曼每年都来到南极地区的麦克默多研究站研究海水酸化造成的影响。她喜欢在南半球的春天来到这个研究站，她告诉我："虽然那里的白天持续24小时，但冰层仍然非常结实，足以支撑我们在冰上四处走动。"

麦克默多研究站位于罗斯岛南部的海岸，南极北部大约850英里(1,360公里)处。它是一个被冰雪覆盖的岛屿，周围是冻结的海洋，边缘被连绵不断的山脉所包围。年平均气温为0华氏度(零下18摄氏度)，但由于寒风的影响会变得更冷。许多科学家们穿上"冰淇淋似的衣服"，它是一种很大很厚重的能包裹全身的连体工作服。但是霍夫曼更喜欢自己的打扮：一件羽绒夹克，两层抓毛绒外加一层挡风大衣。

她说在麦克默多最糟糕的事情莫过于食物："这里全部是罐头，你习惯了圣巴巴拉分校的新鲜蔬菜，但到了这里，就没有任何新鲜的食物，你的饮食习惯变得越来越糟。你会突然意识到，我在靠品客薯片为生!"

霍夫曼每年花一至两个月做自己的研究和教学。她认为南极是一个特殊的冰雪大陆，但由于较冷的水能溶解更多的CO_2，两极受酸化和全球变暖的影响要大于其他地方。霍夫曼也在莫雷阿岛的南太平洋岛屿和加州沿海开展研究。

在太平洋中部的巴尔米拉环礁，霍夫曼和她的同事发现由温室气体排放而引起的海水酸度增加还在自然pH波动范围内。但其他地区，如加利福尼亚州蒙特利湾的埃尔克霍恩泥沼地的河口、加利福尼亚州拉荷亚沿海、圣地亚哥湾顶部的海水酸化程度已经达到了科学家曾预测的直至21世纪末才会达到的酸化水平。霍夫曼相信公海的海洋酸化仍然处于海洋生物的忍受范围内，但可能超过生活在潮汐、河口、上升流区域的那些动物的生理承受极限。

柯特·史塔格是《未来深处：地球生命的下一个十万年》的作者和

保罗史密斯学院的教授，他致力于研究始新世的气候适宜期，即始于5000千万年前的一个间冰期。在这段时间里，全球平均气温比今天的平均气温提高了18～22华氏度（10～12摄氏度），且持续了几百万年。

但引起史塔格兴趣的是在升温过程中的一个短暂飙升，它被称为古新世–始新世极热事件（PETM），此事件迫使世界处在一个极端温暖的状态，且持续约17万年，让气候温度额外上升了10华氏度（5到6摄氏度），代表了气候模型中由于人类自己的极端排放所导致全球变暖顶峰事件。迄今为止，人类已经向空气中排放了3,000亿吨的化石碳。而在PETM期间，大气中至少也有2万亿吨的化石碳，引起此事件的原因尚不清楚。

随着温室气体浓度的不断增加，深海水温和酸度进一步上升到足以导致底栖生物灭绝的地步，并在海底形成红层。沉积岩柱显示这种影响从最糟糕到平息的过程需要花费数千年的时间。PETM事件可能降低植物的营养价值，阻碍哺乳动物的生长发育，支持昆虫更猛烈地攻击植物。此时的哺乳动物非常小，个体大小只有这个时期前后同类物种的一半大小。

血液中CO_2浓度的增加降低了有机体结合和运输氧的能力，这可能是导致PETM时期矮小个体登上舞台的原因之一。

如此高的CO_2浓度将会对当今的珊瑚礁产生巨大的影响。珊瑚礁是鱼类繁殖的温床，但是随着海水的酸化，珊瑚不再聚集或形成石状结构，这使得其他海洋生物失去依附的地方或隐藏的裂缝。珊瑚礁是南太平洋诸岛天然的防浪堤。但海水酸化和海平面上升正在威胁到这些地方。

意大利那不勒斯安东多恩动物研究站的玛丽亚·克里斯蒂娜·甘比致力于研究自然排放CO_2的火山口，她的研究地点位于意大利那不勒斯海湾的伊斯基亚岛。她和同事已经发现在火山口附近pH值极低的区域里，有较少的动物群体和较低的生物量。一些小的耐酸性的物种大量繁殖，从而导致物种多样性的降低。

二叠纪时期，海洋酸化在沉积层留下一个独特的遗迹，“Lazarus

taxa”中的“taxa”表示生物类群。一些物种似乎在二叠纪后期消失了，但几百万年后又重新出现，明显就像是死而复生，如《圣经》中的麻风乞丐拉撒路的复活。

这些生物的复活可能是由于海洋的酸化。由于没有外壳或是外骨骼，许多生物将不会形成化石或是留下其他表明其存在的证据，许多这些生物可能是“裸露”生存一段时间，当海洋酸度降低和环境更适宜重新建造贝壳时，它们才重新回来。

加州大学的古生物学家玛丽·L. 爵色相信，拉撒路类群可能事实上代表的不是原来物种的复活，而是其他动物的趋同演化的结果。换句话说，它们是不同的物种，因填补相同的生态位而演化。情况确实如此，许多不同的动物演化出类似鳄鱼的腭骨和身体特征，但它们并不都是鳄鱼，只是那个时候由于某些原因证明鳄鱼已经演化成功了，即所谓的适者生存。爵色并不喜欢称它们为拉撒路类群，而认为应该叫“Elvis 类群”，这个类群中大部分形态主要是模仿而来的，但是还有许多这样的类群。据估计，在二叠纪中期和三叠纪中，所有这些类群中约有 30% 属于拉撒路类群。

海洋酸化最关键的问题之一是珊瑚的减少。珊瑚礁是随着时间的推移而逐渐建立的，它给小型鱼类和其他生物体提供庇护场所。世界上 25% 的海洋生物以珊瑚礁为家，然而它们的总面积只有法国国土一半大小左右。全球变暖和海洋酸化已经导致珊瑚白化（珊瑚体的共生海藻消失）程度增加。珊瑚与各种海藻存在共生关系。珊瑚为海藻提供栖息的场所，而海藻为珊瑚提供重要的营养元素。但是珊瑚白化导致海藻消失，最终导致珊瑚饿死。

大约三分之二的珊瑚种类生活在深而寒冷的礁石中，数量远远超过了著名的浅滩区、印度洋和太平洋还有加勒比海的近岸栖息地，后者是著名的潜水度假胜地。像浅海珊瑚礁一样，深海珊瑚礁为丰富多彩的海洋生物提供了庇护所。在亚洲，生活在寒冷深海珊瑚礁的鱼类占据亚洲每年海洋捕捞量的四分之一，这些鱼类为 10 亿人提供食物。

海水酸化同样对环绕南极洲的南冰洋海域造成影响。那里的海水酸化使海螺的贝壳被溶解。杰伦特·塔林与来自英国剑桥的英国南极调查局捕捞到可以自由游动并称为翼足类的海螺，在电子显微镜下观察发现它们有被严重腐蚀的迹象。实验表明，珊瑚和海洋软体动物都是利用海洋中的碳酸钙形成贝壳的。海洋酸化程度的增加意味着海水中含有更多的碳酸，这会对贝壳的形成产生不利的影响。

某些有碳酸钙外壳的浮游植物可能会因为海洋酸化而毁灭。生活在珊瑚群落中的浮游生物也将遭受双重打击，因为海水酸化消灭了珊瑚，同时升高的温度超过了暗礁动物的耐受极限。

接下来会发生什么呢？考虑到大气中的氧有两个主要来源：热带雨林和海洋植物（如海藻、浮游生物和浮游植物），森林砍伐和海洋酸化将会影响我们呼吸的空气。

深海危机

我们也许没有蓄意对海洋环境进行酸化和过度捕捞，但对于我们现在的海洋环境来说，海洋酸化和过度捕捞两者相结合将会是一颗炸弹。这是让人惊异的想法，但从我们开始海洋捕捞的很长一段时间里还不存在这样的问题。考古学家研究了横跨英国127个考古遗址中的鱼骨，在开始于1050年左右的捕捞量存在一个明显的变化。卡勒姆·罗伯特是英国约克大学海洋保护学的一名教授，也是《大海的非自然历史》一书的作者，据他所说，在过去1000年的开始阶段，一直习惯食用淡水鱼和淡水/海洋洄游性鱼类（如鲑鱼）的人类才开始主要食用海洋鱼类。

来自河流和池塘的鱼，如梭子鱼、鳟鱼和鲈鱼，以及洄游性鱼类，如鲑鱼、香鱼和海鳟占据了第7至第10世纪的考古遗址，但是从11世纪起，英国挖掘出的鱼骨大部分变成了鲱鱼、鳕鱼、牙鳕和黑线鳕，所有这些都是海洋生物。新的捕鱼技术以及越来越大的船只极大地促进了捕鱼业的发展，但事实是英国没有足够的内陆鱼来满足国内不断增长的人口的需求。

拖网作业，即在海底拖动渔网，可以追溯到 14 世纪末期。它是一种利用网制成的具有破坏性的捕捞工具，会将大大小小的鱼类一网打尽。然而拖网却促进了海洋渔业的发展。

18 世纪，钩钓兴极一时，挂着成千上万鱼钩的长线取代了鱼钩少得多的手钓。但真正的工业捕鱼开始于 19 世纪 70 年代中期，当时出现了蒸汽拖网渔船。依靠风力航行的拖网渔船的捕获量受潮汐和风浪的限制，而蒸汽拖网就彻底摆脱了天气的约束。蒸汽拖网渔船迅速取代了帆船用于海底拖网捕捞。20 世纪 20 年代，冷冻食品工业的发展使渔业进入了下一个繁荣时期。

即便在 20 世纪 40~50 年代爆发了第二次世界大战，但像蕾切尔·卡森这样的环保主义者，也是《寂静的春天》的作者，都无法想象没有鱼的未来是怎样的未来。大多数专家认为海洋是取之不尽的，事实上他们错了。

在接下来的数十年，高强度的捕捞成为一个巨大的全球性产业。越来越大的船、越拉越长的线，甚至更大的拖网以前所未有的效率开展海洋捕捞。医生们开始谈论鱼肉比牛肉更健康，这使捕鱼业进入了另一个繁荣时期。20 世纪 80 年代，全球渔获量达到顶峰，每年约达 8,500 万吨。大部分渔获量通过越来越多的配备了更先进的舰队来完成。

华盛顿大学的古生物学家彼得·沃德声称，据估计，每平方英里的大陆架每两年就要遭到一次拖网捕捞。但随着大陆架资源开始变小，渔民们进入了最后的大荒原：深海。许多深海海底被淤泥所覆盖。但这里到处是海底山（水下山脉），山峰高耸但未突出海平面，隐藏着巨大的鱼类多样性。巨大的环流上下运动，为海底山山峰带来了丰富的浮游植物。

20 世纪 60 年代末期，苏联的渔民在夏威夷海底山附近发现丰富的裸杜父鱼鱼群并开始捕捞。因为海底山周围的鱼类不得不克服更强的公海洋流，所以它们的肌肉比沿海鱼类更发达且更美味。其他国家纷纷效仿苏联，致使夏威夷海域的海底山的鱼类被集中捕捞。但捕捞并未持续太久，大约在1976年，渔获量由30,000吨急剧减少至3,500吨。即使夏威夷丰富的鱼资源证明是短暂的，但不管怎样，海洋中还有众多的海底山。

下一个成功的案例是在20世纪80年代初期，苏联渔船在新西兰的查塔姆海隆海域2,600至3,300英尺(800至1,000米)处捕捞。这里的渔民偶然碰见丰富的亮橙色鱼，科学家们称之为大西洋胸棘鲷。它是一种相对大型的深海鱼类，属于燧鲷科。但“燧鲷”这样的名字听起来并不能让家庭主妇们掏腰包，因此他们将其改名为“橙鲷鱼”。至今全世界仍把它和其他白鱼一起广泛用于面包片、鱼饼、鱼糕。

新西兰和澳大利亚渔民也紧随其后，在渔业上进行全面追击。1989年，在塔斯马尼亚岛大陆架边缘的圣海伦山海域，一名叫艾伦巴奈特的澳大利亚渔民发现了丰富的宝藏。第一年，他捕获了高达17,000吨的橙鲷鱼。但捕捞量很快开始暴跌，因为渔民们把海底山一座接一座地捞捕了过去。橙鲷鱼是一种寿命非常长的鱼类，需要二十多年才能达到性成熟，这使它们极易受过度捕捞的影响，且恢复十分缓慢。

但事情还没完。我拜访了位于北卡罗来纳州达勒姆的国家演化综合中心科学部副主任R．麦克莱恩，他是一个声音沙哑的、年轻而友好的海洋进化生物学家，他的专长是研究深海物种和大型海洋动物，如巨型乌贼。

据麦克莱恩所说：“我们对浅海已经过度捕捞，而现在又正转向更深的水域去做同样的事。”他声称深海的下一个巨大压力将来自矿业公司，他们想要开采海底的稀有矿产。巴布亚新几内亚的矿业公司正开始探索深海喷口，因为那里含有许多珍贵的矿产，这些矿产是可以用于制作如电脑配件一类的东西的，具有讽刺意味的是，还有丰田普锐斯混合动力车。中国也正在考虑挖掘深海沉积物中的稀土金属。

杂草似的物种

我们面临的另一个海洋问题是从大陆农场冲刷下来的氮肥和磷肥，它们随河流进入海洋。在我访问麦克莱恩期间，他告诉我："我们正在做的相当于对森林施肥，这完全改变了海洋植物和动物的组成。我们的海洋正在变暖，海水正在酸化。这彻底改变着海水的温度和化学组成。"他声称我们正在遭受着鲨鱼种类、一些洄游性物种和所有顶级捕食者数量的急剧减少。麦克莱恩知道问题不仅仅是失去深海，他说："我们正处于失去整个海洋的危险。"

这改变了生物学家们接近海洋的方法。在夏末，我拜访了墨西哥拉巴斯的奥拉祖科学主任弗兰克·赫德，来时，我注意到，虽然水十分温暖，但所有的潜水员都穿着长袖T恤和长裤袜，他们称之为全身防寒服。我和他开玩笑说，巴哈的水应该很冷。赫德说："我穿这些衣服并不是为了保暖，而是为了保护自己免受水母攻击。"

根据赫德所说，近年来，沿着美国和墨西哥海岸线已经出现了大量水母。水母的集聚地之一是蒙特雷峡谷，位于蒙特雷湾的中心，是北美沿岸最大的海底峡谷。美国国家科学基金会在一份题为"水母狂野"的特殊报告中声称，蒙特雷湾所有生物总重量的三分之一来自水母和类似凝胶状的生物。这也是洪堡鱿鱼的主要分布区域。

水母越来越多，鱼越来越少。它们能容忍低氧环境和海洋酸化。为了了解海洋的未来，我们来到帕劳共和国，菲律宾以东约550英里（880公里）的一个群岛。每年大约有90,000名游客参观帕劳群岛，他们最喜欢去的其中一个地方是水母湖（当地人称为Ongeimi'l Tketau），从帕劳的首都科罗尔乘船即可到达这里。帕劳有五个内陆海洋湖，并且每一个都分布着不同种类的水母。帕劳群岛上的珊瑚礁研究基金会的科学家认为斑点水母是所有帕劳内陆水母的原始祖先，但它们遵循进化规律，随时间的推移在每个湖中单独演变为独特物种，就像加拉帕戈斯群岛的达尔文雀一样。

水母湖的水母个体最小，如蓝莓般大小，最大的也不过如哈密瓜般大小。当观光潜水客上下潜泳时，他们喜欢穿梭在数以百万计的水母当中。这些水母每天在湖中迁移，它们早晨向东迁移至湖周围的红树林阴影处的边缘，在下午三点左右它们反向移动，聚集在西面的阴影处。尽管这些水母有刺，但它们的目标是湖中类似蜜蜂大小的甲壳类动物。假如你碰到水母，你的皮肤可能会感觉到一点刺痛，但并不会剧痛。

然而，在印度尼西亚和澳大利亚发现的箱形水母，它的刺可以在短短三分钟内杀死一名男人或一名妇女。大西洋沿岸的切萨皮克湾是美国最大的河口湾，它被马里兰和弗吉尼亚所包围，那里的水母每年会蜇伤大约 50 万人，但是美国没有像箱形水母一样致命的家伙，箱形水母每年会杀死 20 ~ 40 人。

在水母昌盛时期，大约有 5 亿只冰箱大小的越前水母漂浮在日本海。它们可以长到 6.5 英尺（2 米）宽，450 磅（220 公斤）重。虽然越前水母在中国和韩国沿海比较常见，但它们现在已经在日本海域，并且会堵塞渔网，它们的毒刺还会毒害捕获的鱼。

英国南安普顿大学的海洋生物学家卡西 · 卢卡斯的一项研究预测，水母聚集符合十年的波动规律，2000 年的聚集属于正常起伏的一部分，而上一次顶峰出现在 20 世纪 70 年代。但由法国发展研究所的研究人员所开展的另一项研究推测这是由于过度捕捞所引起的。研究所的研究人员对比了沿非洲西南海岸流动的本格拉洋流的两个主要生态系统。在纳米比亚沿海，商业捕捞管制十分松散，使得水母在沿岸水域蔓延。但在南非沿海向南约 600 英里（1,000 公里）的海域里，捕捞已经严格控制了 60 年，水母种群数量稳定。

西班牙奥维耶多大学的乔斯 · 路易斯 · 阿库纳从事水母研究，他说地中海的一些地区水母问题日益突出。他认为尽管水母行动缓慢，而且是浮游动物，缺乏视觉帮助它们发现猎物，但是当你考虑到它们具有低得多的新陈代谢而不需要那么多的食物，可以通过增加适宜的水量来形成庞大的身躯时，水母与运动迅速且视力良好的鱼类是一样的。

水母是相当古老的生物，可以追溯到6亿到7亿年前或更早，比第一只恐龙出现要早得过。阿库纳推测水母通过进化出大的、充满水的身体以接触到更多的猎物，从而在未来的大灭绝中幸存下来，并将继续在未来发展壮大。虽然庞大的身躯会降低捕食效率，但漂浮在水中收集食物所获得的能量要大于捕食所消耗的能量。他支持那些认为过度捕捞会促进水母生长的学者们。虽然没有眼睛，水母似乎比鱼类能更好地适应人类所污染的环境。

水母具有很强的适应性，可能甚至胜过人类。当人类盲目狂热追求食物、金属和燃料时，水母则已经进化出更加消极的生存策略，即在水中悠游地移动，仅摄取它们所需要的东西，并限制它们的能量消耗。我们正在耗尽了我们可利用的资源，而水母在水中穿梭并小心地限制能量的消耗。哪一种方式会有更好的未来呢？在激烈的竞争中，很难认为我们一定能胜过水母。

海洋的未来是一个充满水母和鱿鱼的世界吗？也许吧。但这两种生物都被标注为“杂草似的物种”，即那些在大灾难后快速出现的物种。它们就像是圣海伦火山附近萌芽的新草，火山喷发已经把这里的树木都刮倒了。或是像三叠纪早期的克氏蛤，它们是在二叠纪灭绝后出现的。它们快速占据受干扰区域并经历了大的种群爆发，但那些爆发并不能持久。

如果人类继续以当前的速度对海洋施压，那么我们的海洋将会变成一个垃圾场。世界渔业已经到达一个顶峰。在最近举行的美国科学发展协会的研讨会上，我听到一位欧洲科学家建议，我们应该只在重要的假日才吃鱼，就像“美国人现在吃火鸡一样”。

尽管像世界野生动物联盟这样的环保组织尽了最大的努力，但是只要还有人类活动的影响，未来就仍不会明朗。如果我们让海洋放个假或提前歇息，海洋终将恢复正常。我们讨论的并不是恢复到第一批欧洲探险家探险之前的景象，为了使生命恢复到它原始的样子，我们需要追溯得更远。

奥拉祖的科学部主任弗兰克·赫德说：“大部分的渔业管理者试图重

建 50 年前他们所看到的生态系统。但如果你想知道美洲原始大自然的样子，你追溯的不是 50 年前，甚至不是 500 年前，你追溯的是第一个人类出现之前。”

最后会变成什么样子呢？人类已经完全改变海洋以至于难以想象未来的场景。卡勒姆·罗伯茨的《海洋的非自然历史》一书在记载 1798 年埃德蒙·范宁船长第一次到太平洋巴尔米拉环礁时试图以最美好的语言描述这一幕。他驾驶满载海豹毛皮的船只，从智利沿海的费南德兹群岛驶到中国广州。为了获得海豹毛皮，他和来自美国康涅狄格州斯通宁顿的船员在智利沿海花了四个月的时间捕捉海豹。巴尔米拉位于太平洋的中部，是他旅程的中点。

一个炎热的六月深夜，范宁的船员发现碎浪区，由于担心水下隐藏着障碍物，便叫醒了船长。船员所看到的是由环礁群岛围成的海湾，整个海湾布满了海浪撞击珊瑚底部产生的泡沫。范宁和他的船员努力寻找环礁顺风侧的平静水域以便抛锚停船。第二天醒来时，他们看到了大约 50 个小岛，围成 3 个环礁湖。岸边长满了椰子树，沙滩上满是椰子，所有的一切都未受人类影响。

范宁和几个船员驾着小船前去调查。当他们划进海湾时，他被那里丰富的鱼类惊呆了。凶猛的鲨鱼咬住小船的舵和桨，“上面留下许多锋利牙齿和下腭的印记”。当他们进入海湾后，没有了鲨鱼，取而代之的是众多的鱼群，没有那么凶猛，但数量更加丰富。

当船员们上岸去找椰子时，范宁船长用小船捕鱼。他拿着鱼叉站在那里，很快便抓到了 50 条鲻鱼，每条鱼大约 5 ～ 12 磅（2 ～ 5 公斤）。可能是考虑到这些鱼会变化或是担心船承受不了船员和鱼的重量，他停止了捕鱼。

如今，夏威夷以南 1,000 英里（1,600 公里）的巴尔米拉环礁，在大自然保护协会于 2000 年买下它之前已经受到各种国际管制。尽管这里有一个由管理局运营的小的私人机场，但是岛屿大部分还保持着范宁 1798 年拜访时的样子。珊瑚礁生长在一个古老的水下火山边缘，形成环礁。这些巨大的暗礁所供养的珊瑚数量是加勒比海和夏威夷海域的珊瑚数量的三倍。

目前海洋中仅剩几个由顶级捕食者控制水下群落的地方，帕尔米拉就是其中一个。在这里，当你潜入水时会被鲨鱼所包围，这在其他地方并不常见。与其他已知的暗礁相比，帕尔米拉有更多的顶级捕食者，像石斑鱼、杀手鱼（jacks）、鲨鱼这样的大鱼。当潜水员进入这个独特的生态系统捕捞时，就像回到捕鱼业还未影响海洋的时代。暗礁供养着一个复杂的生物网：不仅有鲨鱼，还有成群的海豚、蝠鲼、海龟和成千上万的热带鱼类。

你想窥探人类在海洋留下的足迹吗？那就去拜访巴尔米拉环礁吧。未来那里的物种可能会改变，但其他的一切可能还会保持原样。海平面上升可能淹没礁石，但是一旦人类离开，礁石终将再现。

在范宁拜访巴尔米拉环礁之前，那里并没有人类接触过的痕迹。范宁或许不会欣赏他所看到的东西，但放在今天它却是非常独特的。

也许这个神奇的地方最大的财富是丰富的海洋捕食者，这些动物在世界其他地方正遭受肆意捕杀。

第十一章

食肉者之争

在过去的6亿年里发生的大多数灭绝事件中，捕食者是最后一个灭绝的。在导致恐龙在白垩纪灭绝事件中，行星的撞击产生了大量的气体和尘埃遮住了光线。黑暗消灭了植物，导致植食动物的灭绝，进而导致以植食动物为食的捕食者的灭绝。植物、植食动物、捕食者形成完整的食物链，但是这一次我们攻击了食物链的两端。我们正在消灭植物，它们位于食物链或生物学家更喜欢称为“食物网”的末端，同时我们又在追逐捕食者，它们位于食物网的顶端。我们正在消灭捕食者，或是因为它们拥有有价值的身体附属物(鱼翅、犀牛角、象牙)，或是因为它们捕食了我们的家畜，或者仅仅因为它们偶尔攻击人类。

吉姆·埃斯蒂斯是加州大学圣克鲁斯分校的生态学与进化生物学教授，当我在校园内的著名长海实验室拜访他时，他说道：“这种自上向下的过程只有唯一的结果。”在1970年，作为研究生他被派到阿拉斯加和俄罗斯之间的阿留申群岛研究海獭，他见证了一些自上向下的后果。指导他的其中一位教授叮嘱他去了解关注海獭作为捕食者在阿留申群岛生态系统中的作用。埃斯蒂斯说：“我从未想过这会是一个有趣的问题。”

阿留申群岛是由一连串的火山岛组成，从阿拉斯加半岛延伸至堪察加半岛，形成了白令海和北太平洋之间的边界。这是一个波涛汹涌的海域，在这里不可能看到游轮、乡村旅馆或者游客。群岛中的安奇卡岛在二战期间曾作为机场，但现在无人居住。19 世纪末期，为了获取海獭毛皮，这里的北海獭几乎全被猎杀，但 1911 年一条国际条约的制定停止了这场掠夺。到了 20 世纪 70 年代，北海獭种群在曾经生活的大部分区域中已经得到恢复，但并不是所有区域的种群都得到了恢复。这给了埃斯蒂斯一个独特的视角，通过比较有无海獭分布的岛屿去理解肉食动物在海洋生态系统中的价值。

在第一周的研究中，埃斯蒂斯驾船到安奇卡岛周围，穿过暗礁岩石进入朦胧的水湾，潜入冰冷的水中四处寻觅，看一下水下究竟有什么东西。在崎岖的水下海岸线周围长满了海带，它们生长在海底，为海洋生物提供休息的地方、育幼和捕食的场所。海带是地球上生长最快的植物之一：在理想条件下，它可以在一天内生长两英尺(61 厘米)，若干月后可以达到 175 英尺(53 米)高。海平面下，长起的海带就像是水下森林。巨大的金色叶子附着在细长的茎上，随着海流不停地摆动。

安奇卡岛为捕食者提供了一个稳定而健康的生态系统，但是埃斯蒂斯需要一个与之进行比较的地方。因此他前往安奇卡岛以西几百英里的施姆亚岛。施姆亚岛曾经遭受相同的人类进犯，与安奇卡岛一样海獭均被消灭，不同的是海獭至今仍未返回施姆亚。当埃斯蒂斯进入那里的水域时，他发现一个与安奇卡岛不同的世界。首先，这里只有很少或根本没有海带。相反，他发现海底充满海胆，小棘状、球形生物，这些都是海獭最喜欢的食物。海獭作为捕食者的作用立即明显起来。若有海獭，这里仍有海胆出现，但它们会隐藏在裂缝里，且数量少不足以阻止海带的生长。若没有海獭，海底会覆盖着厚厚的海胆，且不会有海藻林。从此以后，埃斯蒂斯花费职业生涯的大量时间试图去理解这层关系。

没有海獭，海胆就没有被捕食的压力，没有这种压力，海胆种群就会爆发式增长。问题是这就会有足够多的海胆攻击海带基部的固着器，从而导致海带的死亡和它们形成的海底森林的消失。

埃斯蒂斯前往新西兰，想弄明白在没有海獭甚至从未出现过海獭的海域里是什么在威胁海胆的生存。生物学家发现，南方海带已经发展到形成大量的有毒化合物而使海胆厌食。阿留申群岛、阿拉斯加和加拿大西部沿海，海獭独自就能抑制海胆的存在。随着对海獭的保护，平衡得以恢复。在阿留申群岛，海獭恢复到它们原有种群数量的 75%，那里的海藻林生长浓密且健康。

然而，20 世纪 90 年代初期，那里的海獭数量再次急剧下降。它们的数量从20世纪80年代估计的55,000 ~ 100,000只下降至2000年的6,000只。一些海洋生物学家认为疾病是导致数量减少的原因，其他人认为是气候变化导致海洋温度升高造成的，还有一些人则将矛头指向商业性捕鱼。但在 1991 年的一天，与埃斯蒂斯合作的美国地质调查局生物学家布莱恩·哈特菲尔德走进他们在阿留申群岛的一个野外办公室，他说道，他曾恰好看见到一只虎鲸在捕捉一只海獭，但他不确定。埃斯蒂斯说："几天后当他回来时，他说这一次他是确定的。"

埃斯蒂斯起初并没有接受这一点。污染、商业性捕鱼和疾病仍然是当时导致海獭数量下降的罪魁祸首，但是所有的这些因素都会削弱海獭的种群健康，而且阿留申群岛的海獭又肥又壮。污染、商业性捕鱼和疾病会导致海獭的疾病和健康状况下降，削弱海獭种群的生存力。但是虎鲸的捕杀使海獭的种群数量快速减少，以至于食物不再是海獭的限制因素，剩下的这些小型毛皮动物强壮且健康。

海獭不是那片水域唯一陷入困境的海洋哺乳动物，北海狮、毛皮海豹和较小的港海豹种群也在面临崩溃，它们剩余的种群同样很健康。这种情况下虎鲸则变得更加强大。

在一次会议上，来自阿拉斯加费尔班克斯大学的研究员艾伦·斯普林格靠近埃斯蒂斯，向他展示了虎鲸如何依靠巨鲸作为食物来源，但第二次世界大战后，商业性捕鲸在北太平洋捕杀了 50 万头巨鲸，这些都是虎鲸的天然猎物。商业性捕鲸之前，北太平洋和白令海南部估计有 3,000 万吨鲸鱼，但是 1985 年国际捕鲸委员会宣布暂停捕鲸时，仅有 300 万吨鲸鱼存活下来。在北太平洋，大约 90% 左右的鲸鱼被捕杀，虎鲸只能疯狂地攻击其他捕食者试图弥补原有食物的损失。

2011 年，埃斯蒂斯和杜克大学的生物学教授约翰·特伯格以及来自世界各地的 22 位生物学家在《科学》杂志上发表了一篇文章，提到关于几百万年来大型顶级捕食者在全球环境中如何扮演了一个关键角色，并且它们的消失对人类来说可能是可怕的和意义深远的。

顶级捕食者的消失改变着植食性动物的觅食强度，这对植物的组成和丰富度产生巨大的影响。当狼回到黄石国家公园开始捕杀驼鹿时，过去驼鹿过度采食的柳树和山杨树也已经得以恢复。

相反的情况已经发生在委内瑞拉古里湖的小岛上，它证明了一点：捕食者能够改变森林的颜色。一座水电站的修建形成了古里湖，随着水位上升，湖中形成了一群孤立的岛屿。岛屿的周围曾经被茂密的绿色热带森林所覆盖，森林被美洲虎和角雕等顶级捕食者所占据。但随着水位上升，捕食者逃离开了岛屿，而那些岛上的森林开始发生改变。

杜克大学的约翰·特伯格教授是一位瘦高、满脸皱纹的生态学家，他管理学校位于秘鲁丛林的热带研究中心超过 20 年。他注意到，缺少捕食者时，猎物种群数量呈爆发式增长。在一个岛上，鬣蜥密度是正常密度的 10 倍，在另一个岛上，吼猴密度比大陆密度高 50 倍，在个别岛上，切叶蚁数量是正常数量的 100 倍。只有布满荆棘和带有致命化学物质的植物才能在这些组合攻击中存活。岛上森林稀疏枯黄，相比之下，大陆的森林则郁郁葱葱。特伯格提出，捕食者通过控制植食动物，从而在构建世界的绿色环境中发挥着重要作用。若植食动物不受控制，森林将变枯萎。

还有一些其他的例子，比如苏格兰鲁姆岛上的狼已经消失了 250 ~ 500 年。鲁姆岛提供了一个让人得以一窥捕食者缺失所产生的后果的机会，即捕食者缺失导致了鹿和其他植食性动物觅食强度的增加。尽管鲁姆岛在 1957 年设立为国家级自然保护区，但是由于肉食者的长期缺失，鲁姆岛已经从森林覆盖的环境变成了树木缺乏之地。

脆弱的捕食者

鲨鱼是另一种脆弱的捕食者，它们所面临的问题与人类有直接关系，而不是虎鲸。鲍里斯·沃尔姆是来自加拿大哈新斯科舍省哈利法克斯市的达尔豪斯大学教授，他在最近发表的一篇文章中宣称，人类每年会猎杀 1 亿头甚至更多的鲨鱼。鲨鱼已经生存了至少 4 亿年，是地球上最古老的脊椎动物类群之一，但它们的种群正在迅速消失。

问题在于亚洲地区用于制作鱼翅汤的鱼翅的需求量越来越大，这导致全球鲨鱼捕捞业十分繁荣。从前，鱼翅汤供中国皇帝享用，它和香槟类似：在婚礼、毕业典礼和商业午餐上用来预祝好运。然而，这样的礼制正在威胁自泥盆纪以来就以各种形式和我们共存的动物的存活。全世界每年估计有 3,800 万条鲨鱼用于满足市场上的鱼翅交易。

每年渔业捕杀十五分之一的鲨鱼。鲨鱼与鲸鱼和人类的相似之处在于它们性成熟晚，后代很少，这使得它们的种群异常脆弱。

彼得·克里米雷是加州大学戴维斯分校的海洋生物学家，他几十年来一直致力于研究加利福尼亚半岛沿海圣埃斯皮瑞图海底山的锤头鲨种群。他相信，锤头鲨利用圣埃斯皮瑞图作为交配场所。大群的锤头鲨环绕在海底山顶峰，雌性个体相互竞争位于中心的优势地位。

圣埃斯皮瑞图的鲨鱼并不在聚集地觅食，而是晚上迁移至附近的觅食区域尽情地享用鱿鱼。克里米雷认为它们沿着海底裂缝移动，那里布满了有磁性的海底岩浆，这些岩浆辐射出类似来自海底山的辐条状物质。鲨鱼利用特殊的感觉器官（劳伦氏壶腹），像指南针一样可以获取磁力信息电感受器。目前锤头鲨被国际自然保护联盟（IUCN）列为濒危物种，每年，克里米雷在加利福尼亚湾看到的鲨鱼越来越少。目前他正在跟踪锤头鲨少年个体，希望发现它们是否频繁出现在其他相似的海底山，如果是这样，可能要对那些公海地区实施保护。

尽管如此，锤头鲨并不是遭受最大捕杀压力的动物。首当其冲的应该是大白鲨和虎鲨，它们以随意攻击人类而出名。渔民捕捉它们的目的是为了获得鲨鱼肉和鱼鳍，抑或是因为它们偶尔袭击人类而报仇。

这三种鲨鱼都栖息在自己独特的环境里，通常不会相互遭遇或遭遇虎鲸，尽管渔民们还是期望它们遭遇。虎鲨是整个热带地区最常见的物种。根据佛罗里达州鲨鱼研究项目主任和国际鲨鱼攻击档案馆馆长乔治·伯吉斯所说，“虎鲨在大部分的分布区域里都是顶端捕食者，而虎鲸的确与它在分布范围内的边缘有些重叠，然而我并不知道任何有关虎鲸和虎鲨交互的记录。在我看来，虎鲨（和大白鲨）与虎鲸都是它们共存区域中的顶端捕食者。所有这三种动物都捕食鱼类和鲸类，并不会互相残杀。”

大的虎鲨可以长到 20 ~ 25 英尺（6 ~ 7.5 米）长，重量超过 1,900 磅（900 公斤）。虎鲨捕食的许多猎物都是防御性动物，如河豚、黄貂鱼、引金鱼。这些鱼类已经进化出硬棘、牙齿，甚至毒素来抵御像虎鲨这样的捕食者。但据夏威夷海洋生物学研究所的副理研究员金·霍兰德所说：“很显然虎鲨已经决定无论如何就是吃黄貂鱼。我都无法告诉你在我调查的虎鲨中有多少虎鲨的嘴里都是塞满了黄貂鱼的倒刺。”

另一个真正吃人的鲨鱼是公牛鲨，它虽然不像虎鲨和大白鲨那么出名，但公牛鲨同样危险。佛罗里达州是美国发生鲨鱼攻击最多的地方，且佛罗里达人被公牛鲨攻击的频率要高于其他任何的鲨鱼种类。公牛鲨生活在世界各地的热带和亚热带水域。

公牛鲨因其短而钝的鼻子、好斗的性格以及在攻击猎物之前倾向用头撞击猎物而得名。它们属于中等大小的鲨鱼，能长到 11.5 英尺（3.4 米），重达 500 磅（230 公斤）。

公牛鲨是唯一能在淡水中生存的大型鲨鱼。雌性公牛鲨进入海湾、港口、潟湖和河口养育它们的后代，这些后代在这些生境中度过它们生命的早期阶段。公牛鲨曾经被看到出现在距秘鲁亚马孙河上游 2,220 英里（3,552 公里）的伊基托斯附近。它们也被报道出现在密西西比河上游，最北到达伊利诺伊州。

人类一年要捕杀 4,500 万只鲨鱼，而每年死于鲨鱼攻击的人类不到

4.5 人，虽然那不包括被报道为溺亡的致命攻击。伯吉斯认为鲨鱼对人类的攻击被过度夸张了，但人类对鲨鱼的伤害是确确实实的。伯吉斯说："它们的种群数量下降了 90%，某些种群甚至下降得更多。"

尽管如此，鲨鱼仍是自然界伟大的成功者之一。与 650 ~ 800 种恐龙相比，已有 2,000 ~ 3,000 种鲨鱼化石被人们所描述。如今，我们现存的鲨鱼仍有 1,100 种。并不是所有的鲨鱼都处于危险之中，处于危险的鲨鱼种类主要是那些大型的鲨鱼，特别是吃人的鲨鱼。

大白鲨在全球均有分布，但利用最多的栖息地位于北美、南非和澳大利亚的沿海水域。大白鲨长度可以达到 20 英尺（6 米），体重达到 5,000 磅（2,268 公斤）。这看起来也许很奇怪：在澳大利亚沿海，游客可以在水下待在笼子里观赏大白鲨，这已成为生态旅游的亮点。

观赏大白鲨的生态旅游为人类保护它们提供了一个更好的方式。来自英属哥伦比亚大学的研究人员开展的一项研究表明，目前鲨鱼生态旅游一年为全世界创造了超过 3.14 亿美元的产值，这一数字在未来 20 年将会翻倍。这相当于鲨鱼捕捞业创造的 7.8 亿美元的产值，且捕鲨业正在萎缩。英属哥伦比亚大学的研究人员分析了来自 45 个国家 70 个地点的有关鲨鱼捕捞业和鲨鱼旅游业的数据。加州大学长滩分校的鲨鱼实验室主任克里斯·络维说，对于猎取鱼翅的渔民来说，澳大利亚的生态旅游业起到一种有效的威慑作用。络维观察到，"游客会汇报他们看到的捕杀鲨鱼的人，没有人愿意看到那些游客的钱因此而消失。"

大白鲨被列入世界自然保护联盟红色名录，属"濒危物种"。人们对它的生物学特性知之甚少。它非常少见，最常报道的地方是南非、澳大利亚和加利福尼亚沿海。世界各地以各种原因捕获大白鲨的数量很难估计。它性成熟晚，后代很少，以至于一旦种群受损，它的恢复将是一个缓慢的过程。

在加利福尼亚州沿海海域，大白鲨是伏击性捕食者，通常把自己隐藏在沿海岛屿的岩石底部。这些岛屿生活着许多海豹、海狮，但大白鲨喜欢捕食的是象海豹，它是加利福尼亚州最大的海豹。

房间里的大象

通过给加利福尼亚州海峡群岛的象海豹佩戴跟踪装置，生物学家已经记录到雌性象海豹每年要迁徙近 12,000 英里（19,200 公里），雄性则超过 13,000 英里（20,800 公里），是地球上所有哺乳动物中迁徙路程最长的动物。它们并不会直接游至觅食场所，它们会在整个旅程中连续潜水，潜到极深的地方捕食深海鱼类和鱿鱼，同时避免遭遇大白鲨。这些潜水给它们长距离的水平迁移平均增加了 5,000 英尺（1,524 米）的垂直路程。西雅图国家海洋哺乳动物实验室的生物学家罗伯特・德龙说："整个旅程中它们基本都在移动。"

在北太平洋，大白鲨是象海豹的主要捕食者。它们在冬季象海豹交配和产崽的季节里围绕着海峡群岛，寻找离开海滩上的安全地开始长途迁徙的象海豹。

如果大白鲨灭绝，谁能取代它们成为象海豹的捕食者呢？在加利福尼亚海岸线谁又能承担顶级捕食者的位置呢？灰鲭鲨可能是最合适的选择。它们是传奇游泳健将，可以保持 22 英里 / 小时（35 公里 / 每小时）的巡航速度，爆发速度超过 50 英里 / 每小时（80 公里 / 每小时）。尽管如此，它们的体形比大白鲨小，它们的最大长度是 13 英尺（4 米）。其中最大一只灰鲭鲨是 2013 年 6 月 4 日在加利福尼亚州捕抓到的，体重达 1,323 磅（600 公斤）。灰鲭鲨可能必须成群捕食才能捕捉象海豹，而合作捕猎并不是鲨鱼的典型特征。

我们那些成功进化的洪堡鱿鱼可能正发展出那样的特征。斯坦福大学的威廉・吉莉把相机安装在这些鱿鱼身上，记录了它们在太平洋是以紧密协调的群体进行捕食的，这个行为特征通常出现在鱼群而非鱿鱼中。目前，灰鲭鲨以洪堡鱿鱼为食，没有其他食物。然而，灰鲭鲨的身上也频繁留下洪堡鱿鱼造成的伤痕。这些伤痕表现为一圈小切口，或者一系列平行的伤疤，这些伤痕让人联想到洪堡鱿鱼的牙齿。直线伤疤通常开始于鲨鱼腹部上的一个圆形的标记，并且朝着鱼嘴的方向移动。至少表明洪堡鱿鱼在抵抗。

身兼作家和教授两职的卡勒姆·罗伯特报告说，所有大型浅滩和中层水域的捕食者正在消失。大王鱿鱼和巨型鱿鱼能否从深海向上迁移并在浅滩水域建立自己的家园呢？国家进化协同中心的麦克莱恩在马哈马群岛工作，这里被称为“海洋的喉舌”，是近海海域的一个深槽。他还曾在蒙特利工作，在那里有一个很深的峡谷出现在大陆架上。像这些地区和纽芬兰沿岸的深海都是大王鱿鱼和巨型鱿鱼生活的地方。纽芬兰海岸巨型鱿鱼的搁浅事件被认为是暖水入侵深水峡谷所导致的结果。科学家认为深海是巨型鱿鱼居住的地方。尽管如此，如果极地冰川的融化导致深海洋流停止，导致氧气无法输送至深海，大王鱿鱼和巨型鱿鱼可能面对进化压力不得不迁移至较浅深度的水层。

巨型鱿鱼是最大的无脊椎动物。在这些难以捉获的巨型动物中最大的个体长度可达 59 英尺（18 米），重达 1 吨。2004 年，日本研究人员拍到了第一只活的巨型鱿鱼。2006 年末，科学家与日本国家科学博物馆合作捕捉到一只活的 24 英尺（7 米）长的雌性巨型鱿鱼，并把它拖上海面。

巨型鱿鱼连同它们的表兄弟大王鱿鱼，拥有动物王国中最大的眼睛，据测量有些眼睛直径达 10 英寸（25 厘米）。这些巨大的器官可以使它们在昏暗的深海中发现目标，而在这里大多数其他动物是看不见东西的。

像其他鱿鱼种类一样，它们有 8 只腕，2 只较长用于觅食的触手，这些触手可以帮助它们将食物送入喙状的嘴里。它们的食物可能由鱼、虾和其他鱿鱼组成，尽管有些人提出它们甚至可能攻击和捕食小型鲸鱼。科学家对这些野兽了解甚少，不足以确定地说它们的分布范围有多大，但是巨型鱿鱼的尸体在世界上所有的海洋中均有发现。

大王鱿鱼的分布范围同样是神秘的，但是早期的捕鲸人从抹香鲸的胃里发现了大王鱿鱼的喙，所以我们至少知道谁在捕食大王鱿鱼。依体重而言大王鱿鱼是鱿鱼中最重的，它的表兄弟巨型鱿鱼，具有布满细齿的吸盘，但是由于大王鱿鱼的腕上装备着锋利的爪子或钩子，它比巨型鱿鱼具有更强的捕食能力。

这些爪子或钩子位于每个腕的中间呈两排排列，前后紧随着更标准的锯齿状吸盘。当鱿鱼把动物送向自己那类似鹦鹉的喙状嘴时，这些爪子像爪钩一样，或能协助抓住和固定奋力反抗的猎物。迄今为止已知最大的大王鱿鱼是在新西兰沿海捕获的，重达 1,091 磅(495 公斤)，总长 33 英尺(10 米)。

如果这种深海生物变得越来越大，它将有更好的机会取代大白鲨。不过，巨型鱿鱼或大王鱿鱼也可以从它们的头足类物种墨鱼和章鱼那里借用一些优点。

虎鲸能通过集体狩猎捕食大得多的鲸鱼，但是巨型鱿鱼和大王鱿鱼明显是个孤独者。只要有稍好一点的交流技能都能帮助它们集体狩猎，鱿鱼的近亲墨鱼精通此道。墨鱼的体形大小从 2 英寸(7.6 厘米)至 3 英尺(91 厘米)不等。它们看起来像短的鱿鱼。墨鱼在黄沙、棕色沙、五彩缤纷的鹅卵石甚至白色的贝壳床上游动时，可以快速且毫不费力改变颜色和纹理来模仿海底的颜色和纹理，以至于上面的捕食者无法看见它们。

章鱼也有一套丰富的信号词汇用于捕食、繁殖和警报。一种极显眼的斑马条纹用于警告让其他雄性离开。对马萨诸塞州伍兹·霍尔海洋生物实验室的罗杰·汉伦的电话采访以及在线的实验室研讨会中均谈及章鱼的许多可能会派上用场的“词汇”。这些“词汇”包括防御捕食者、与其他章鱼交流、吸引配偶、击退或欺骗对手、对其他个体的信号警告，还有更多。

巨型太平洋章鱼是鱿鱼的表兄，具有一些鱿鱼的技能，也是它们中脑子最好使的。巨型太平洋章鱼最大能长到 600 磅(约 272 公斤)，但大多数个体体重不超过 100 磅(约 45 公斤)。它们生活在北太平洋从日本到加利福尼亚州的沿海水域。科学家相信章鱼比任何鱼类都要聪明，虽然还是不如大多数哺乳动物聪明。

在西雅图水族馆，志愿者倾向于只给章鱼、海豹和海獭起名字，因为这些动物都有自己的个性。水族馆前生物学家罗兰·C. 安德森告诉我，当水族箱里的巨型太平洋章鱼想要食物的时候，就会反转身体暴露出它们的吸盘，就像一名乞丐似的。当你给它们食物的时候，它们会在水族箱里来回游动并且体色变红，这可能是“无脊椎动物表达情绪的唯一例子”。

如果一个海洋动物具有大王鱿鱼的身体、巨型太平洋章鱼的大脑和墨鱼的交流能力，这种“大王鱿鱼”就有成为顶端捕食者的潜力。再加上新发现的洪堡鱿鱼集体狩猎的能力，它们可能取代大白鲨捕食象海豹。捕捉象海豹的窍门是如何将它们从深海引上来。象海豹已经潜到了很深的地方捕鱼，以避免上层的捕食者。

假如洪堡鱿鱼变得更大，那么大自然就能够绕开深度问题使洪堡鱿鱼成为海洋中的顶级捕食者。目前它们的寿命约为 1.5 年。从来没有人记录过 2 岁的鱿鱼。然而，它们以每天 5% 的速度呈指数增长。吉莉解释说，在一年半时间里，它们体重可以达到 100 磅（约 45 公斤），但如果它们存活 2 年，体重可重达到 660 磅（约 299 公斤），如果它们存活 3 年，它们的体重可达到 2 吨。如果这些东西能解决如何存活超过 2 年的问题，这将是相当可怕的事情。

如果人类消灭了所有的大白鲨、虎鲨和公牛鲨，大自然也能够适应，而由谁来统治海洋将由进化和时间来决定。不管是在海洋还是在陆地，曾经出现在地球上的体形较大的动物，在人类消失了以后，它们都将有可能重返地球。

第四部分

现在该怎么办?

第十二章

巨型动物的衰退和复兴

随着智人(*Homo sapiens*)在6万~8万年前走出非洲，遍布于世界各地，在他们的历程中动物逐渐变得越来越渺小。人类是一种能够超越体形大小的生态力量。当他们离开非洲后，他们一路所遇到过的大型哺乳动物都随之消失了。这些动物往往最容易捕杀且能提供最多的食物。在非洲，大型动物们伴随不同的人种经历了数百万年的进化，它们观察人类的策略，并学会了如何与这些致命且狡猾的两足生物保持距离。但在澳大利亚、新西兰和北美的野生动物并没有意识到这一点。

人类在距今约4万年前进入澳大利亚，在约五千年的时间里，这片大陆失去了85%以上的大型哺乳动物。据加州大学伯克利分校的查尔斯·马歇尔所说："那相当于每50年发生大约1%的变化。所以假如你在20岁看看你周围的世界，然后到70岁你再看看这个世界，你会注意到1%的差异吗？很可能不会。即使澳大利亚的大型动物的灭绝花费了五千年的时间，尽管从地质学角度上看非常迅速，但这些在人类的时间尺度上却是缓慢的。那些在热带雨林工作的人们，五年后返回他原来工作的地方，就会发现其中一些区域已经完全消失。"

在人类出现之前，新西兰有着各式各样迥然不同的生物。贾雷德·戴蒙德在他所著的《第三种黑猩猩》一书中写道："这个场面就像我们真的到达了另一个生物已经进化且肥沃的星球上一般，在那里我们将接触到一切应该看到的东西。”在新西兰，最成功的动物是体形巨大的恐鸟，一种长得像鸵鸟的鸟类，站起来超过十英尺(3 米)高，体重超过 500 磅(227 公斤)。新西兰有不同种类的恐鸟，体形除了美洲野牛外是最大的。新西兰有鸣禽和蝙蝠，但没有老鼠；有巨大的鹰，而没有豹子。

波利尼西亚移民仅在约 100 年前首次登陆到新西兰，他们在几个世纪内成功地消灭了当地动物。新西兰约有 50% 的物种消失，包括所有的大型鸟类和大部分没有飞行能力的鸟类。人们捕杀恐鸟以获取它们的肉、皮肤和骨头，它们的蛋壳被用作贮水器。在考古遗址中发现了约 50 万具巨型恐鸟的遗骸，其数目之多，为恐鸟时期任何一刻恐龙数量的许多倍。很显然，定居者们世世代代猎杀巨型恐鸟，直至它们灭绝，如同人类进入北美洲后，大量猎杀野牛一样。

尽管如此，其他人仍相信是克洛维斯人导致了许多物种的灭绝，因为在被标注为 13000 年前的考古发掘地里主要是克洛维斯人的化石骨骼和其他遗迹。当然，还有证据证明人类在此之前曾居住在北美洲和南美洲，但这一时期很著名，因为这个时期克洛维斯人大量聚集，一种特有的工具，带凹槽的石制箭头开始频繁地出现。

一些人相信巨型动物的死亡是由于自身无法适应突然的寒冷天气逆转所导致的。这可能切断了大量强烈温室气体甲烷的重要来源：动物本身具有由 4 个胃室组成的胃，这些胃通过打嗝排出温室气体(不是屁)。换句话说，早期的猎人切断了所有大型动物排放到环境中的甲烷，而这本身通过切断了使地球变暖的温室气体，造成了新仙女木事件中寒流的出现。

加州大学洛杉矶分校的脊椎动物古生物学家布莱尔·范·瓦尔肯博赞同人类不是所有物种灭亡的唯一原因。当我去办公室拜访她时，她告诉我：“但是他们是影响一个已经平衡的生态系统的一种附加力量，随着克洛维斯人的到来，生态系统很快就失去平衡。”

克洛维斯人出现后就成为新的肉食者，并与长着类似军刀或弯刀牙齿的剑齿虎形成竞争，现在，剑齿虎不得不与一个新的技术熟练的捕食者共享它们的食物。成群的大型猫科动物捕食野牛和马，尽管也有证据表明它们会跟随猛犸象群并攻击年轻的猛犸象。本质上，人是一位大型猫科动物不得不应付的“不速之客”。人类是一个临界点，在他们到来之后，北美的大型动物种群开始消失。

范·瓦尔肯博相信剑齿虎和大型惧狼的牙齿状况进一步证明了人类和巨型动物之间的竞争关系。这些捕食者牙齿磨损和破碎程度都比野兽(如美洲狮和灰狼)更严重，尽管其中一些捕食者甚至出现在人类之前。智人与动物日益增加的竞争可能加剧了已经存在的竞争局面。

“当大型捕食者为更彻底地进食尸体，主动地啃食骨头时，它们的牙齿通常磨损得更严重，甚至更多地损坏，”范·瓦尔肯博与共同作者威廉·J. 里普尔在发表于《生物科学》的一篇文章中写道，“那些比人类数量多得多的捕食者最有可能杀害绝大多数巨型动物。”人类这一新兴捕食者的增加更像是压倒骆驼的稻草，而不是导致灭绝的原因。

这些哺乳动物的体形起初是如何变得如此之大的呢？当恐龙仍然活着的时候，哺乳动物在比它们大得多的邻居脚下四处逃窜，偶尔躲藏在灌木下、树洞里或地下洞穴里。但是当小行星从空中坠落并导致恐龙消失时，哺乳动物就开始生长，生长，再生长。

大约从 6500 万年前开始，直到约 3000 万年后达到顶峰。动物在此期间非常迅速地长大了约 8 个数量级(×10，×10，×10 ……八次)，它们花费了大约 3000 万年的时间使体形达到最大。据新墨西哥大学生物学教授费利萨·A. 史密斯所说，“在不同地方，不同物种，陆地哺乳动物的最大体重一直保持在 17 ~ 18 吨”。巨犀，一种无角的长得像犀牛的食草动物体重可达到大约 17 吨，站立时肩膀高度约为 18 英尺(5.5 米)，它们生活在大约 3400 万年前的欧亚大陆上。这是有史以来存在的最大的陆地哺乳动物。巨犀(*Indricotherium*)应该比现代非洲象还要高。

由于动物需要更好地储存热量，因此天气越寒冷，动物体形越大。洛杉矶自然历史博物馆的王小明和中国科学研究院的李强最近在青藏高原西南部喜马拉雅山脉的山麓丘陵中发现了一个大型长毛犀牛。这个动物站直时约 6 英尺（1.8 米）高，12 ～ 14 英尺（3.6 ～ 4.3 米）长。它有两支大角，一支角从鼻子尖端长出，约有 3 英尺（约 91 厘米）长，而另一支角从两眼之间长出。西藏长毛犀像今天的犀牛一样矮壮，但它有长而浓密的毛发。西藏长毛犀如猛犸象、巨型树懒和剑齿虎一般，是已灭绝的巨型哺乳动物之一。人们认为它有约 370 万岁，比之前发现的最古老的长毛犀牛化石早了至少 100 万年。

西藏长毛犀生活在一个较为温暖的时期，当时大陆北部并不存在后来的冰河时代所带来的巨大冰域。但是，当西藏长毛犀居住在青藏高原时，这种动物逐渐习惯了高海拔地区的寒冷，并对寒冷产生了“预适应”。因此，当冰河时代到来时，这些耐寒的犀牛仅仅只是从高原向下迁移，它们的身影也开始遍布欧亚大陆。青藏高原可能为西藏长毛犀和其他冰河世纪的大型哺乳动物提供了繁殖场。

为垃圾堆平反

费利萨·史密斯是新墨西哥大学的一位生物学家，我在她的实验室遇见了她，当她穿上牛仔靴时比我更高个。她多年来一直在研究动物的体形，并相信体形是动物适应气候变化的最重要的自然因素之一。

史密斯目前在加州死亡谷国家公园研究现生和古代的大林鼠（又名森林鼠），她通过研究它们的垃圾堆获取详细信息，这些垃圾是从大林鼠的窝中扔出的。她利用这一证据作为线索来研究大林鼠的栖息环境和生态。她能通过检查大林鼠垃圾堆中的粪球或粪便的大小，看出大林鼠的体形大小和间接的有关气候的信息。她同样能从这些垃圾中找到牙齿和骨骼用于证实构建这个巢穴的物种身份。在她的实验室里，她向我展示了其中一些垃圾样品，甚至请我拿起其中一个样品。当我谨慎地拿起一个样品后，她问我气味如何，我告诉她闻起来有芳香味，对此她回答说：

“你是一个天生的大林鼠垃圾研究员!”因为那是用于黏合垃圾的大林鼠尿液的气味。

据史密斯所说，体重和环境的关系已经被证明是可预测的，它被称为贝格曼定律(以德国生物学家卡尔·贝格曼命名)：对于广泛分布的动物类群而言，生活在较冷环境中的物种拥有较大的体形，而生活在较暖环境中的物种拥有较小的体形。

史密斯也研究古代大林鼠的垃圾堆，因为它们能提供有关垃圾建立的详细的化石证据。大林鼠收集树枝、树叶、小石头、粪球和它所能发现的任何东西，并把它们堆集在巢穴前。垃圾堆保护大林鼠免受捕食者的伤害和气候变化的影响作用。当垃圾堆建造在露出地面的岩石头上时，它们可以持续数千年，并可以通过放射性碳素测定年代。一座山中可能包含许多横跨 30000 年甚至更久远的垃圾堆。

粪球的大小可以指示出大林鼠的体形和饮食情况。研究人员能够描述出数千年来大林鼠的身体和基因在应对气候变化的反应特征。

如今，死亡谷仍保持着全球最热和最干旱地区的纪录，但在冰河时代末期，死亡谷被 100 英里(160 公里)长、600 英尺(约 182 米)深的曼利湖所覆盖。当时气温是 11 ~ 18 华氏度(6 ~ 10 摄氏度)。但随着山谷开始变得暖和，大林鼠适应了温度变化并缓慢向上迁移。它们迁移到海拔 5,900 英尺(1,800 米)的地方，但是这里还不够高。直至 6000 年前，都没有更多的大林鼠生活在死亡谷的东侧。

肉馅陷阱

并不是所有哺乳动物的灭绝是由于气候变暖或人类活动。加州大学洛杉矶分校的范·瓦尔肯博争辩说，在过去的 5000 万年里，长得像猫、狼和鬣狗的大型食肉哺乳动物群种类多样，但随后种群数量减少并走向灭绝。犬科(像狼的食肉动物)曾经有 3 个亚科，其中 2 个已经灭绝。

范·瓦尔肯博相信其中一些灭绝归因于她所说的“肉馅陷阱”。在食肉动物需要更多能量的情况下，它们可能转变为不仅是保持纯食肉动物的饮食，还要捕食比它们体形更大的猎物。然而，一旦变成这样，它们的食量就很难再减少到从前那样。

大约 3000 万年前，犬科的三个亚科都达到了一个顶峰，但仅有一个亚科幸存了下来，包括驯养的狗、狼、狐狸和土狼。其他两个亚科的体形增加至原来的 4 ～ 6 倍，但当它们的猎物减少时，它们无法转回捕捉较小的猎物。两个亚科已经适应了纯肉食，并且只能捕食比它们体形更大的动物，而此时它们的食物已无法维持它们的生存。尽管如此，相对于现在的 7 个物种而言，北美洲曾一度出现过 25 种同时期的犬科动物。大自然确实曾经拥有更丰富的物种。但物种的多样性能回到曾经那样吗？我们能让时光倒流吗？

野性呼唤的回归

多年来，北美的环保主义者经常谈到将时光倒流至 1492 年之前的黄金时代，当时欧洲人到达北美。然而，在 2005 年《自然》杂志上，康奈尔大学的生物学家乔什·多兰和一群杰出的科学家表示，他们想将时光进一步倒流回更久远的时刻，追溯至克洛维斯人到来之前，那是人类真正改变美洲的起始点。

多兰的团队发表声明称，西方科学家已经从阻止生物多样性丧失的斗争中全面撤离出来，现在仅仅是努力降低生物多样性丧失率。该团队想改变游戏规则，从“管理灭绝”改变为积极地“恢复生态和进化过程”。他们的想法是通过引进其他大陆的替代动物来还原所有曾经生活在北美洲的大型动物，这样就能把时间推回到有马、骆驼、大象甚至狮子的时代。

在该团队建议首先要做的事情中，其中一件就是在美国西南部的地区恢复美洲最大的乌龟，即墨西哥地鼠陆龟。我曾陪同如今已故的加州大学多明格兹岗分校爬行类学家大卫·莫拉芙卡访问马皮米生物圈保护区。这个保护区致力于保护马皮米沙漠洼地的墨西哥地鼠陆龟和其他独特的动植物。马皮米沙漠洼地是墨西哥城北部奇瓦瓦沙漠的一个大型内陆盆地。墨西哥地鼠陆龟的分布范围曾经跨越墨西哥北部奇瓦瓦沙漠和美国南端，最后只能退缩到这里。现在将墨西哥地鼠陆龟遣送回更宽广的奇瓦瓦沙漠，将来也就能够把大陆最大的乌龟种类带回美国。

野马可能是另一种能够被野化的动物。大约在 500 年前，欧洲人将它们引入到北美洲，并占据了 13000 年前一直维持较平衡状态的生态位。许多农场主把野马和驴子视为大害虫，它们弄脏了水坑，与牲畜、本地的叉角羚和大角羊竞争。对于多兰来说，野马与其他物种一样都是来自这片土地。

问题是你不能只引入野马之类的大型食草动物，而不去引入捕食者以控制它们的数量。1971 年，美国政府颁布了《野马和野驴自由行动法》，禁止任何人非法骚扰、捕捉或杀死野马。从那之后，这些动物的种群数量在主要位于内华达州并延伸到附近州的边缘的大盆地沙漠急剧增加。但在蒙哥马利·帕斯野马保护区的情况却并非如此，这个保护区横跨加利福尼亚州和内华达州的边界。科学家在那里研究美洲狮，并发现美洲狮是一种能有效控制这些动物快速增长的捕食者。

这样一种兼顾的方法为普氏野马提供了一线生机，这种马的体形小于大多数驯养的马，原产自生长于中亚的一片广阔的半干旱草原上。和蒙古野驴一样，普氏野马是自由迁徙、极度濒危的马科动物。将这些野马迁移到美国，可能会把它们从灭绝边缘拯救回来，并最后将马遣返回它们进化的起源地。许多科学家说，为了控制马的种群数量，关键是需要在这些区域引入捕食者。

不管信与不信，骆驼起源于北美。它们在 300 万 ~ 400 万年前从美国亚利桑那州沙漠向北迁移，穿过白令海峡大陆桥。世界自然保护联盟目前将野生双峰驼（双峰）列为极度濒危物种。约有 600 只野生双峰驼生活在中国，蒙古有 450 只。它们是唯一真正的野生骆驼。除了澳大利亚一些野生个体外，单峰骆驼（单峰）都是作为驯养动物而存在的。在最后一次冰河时代的末期，北美洲有 4 种骆驼和无峰驼。如今，野生双峰驼被限制在戈壁滩，而它们的近亲，无峰驼，则生活在南美洲。

在 19 世纪 50 年代，爱德华·比尔中尉带领着以单峰骆驼为主的美国骆驼军队，从得克萨斯州走到加利福尼亚州。他惊讶于骆驼是如何啃食木馏油和其他种类的灌木丛的，现在这些植物构成了浓密的单一植被广泛分布于西南部沙漠的许多地区。如果我们把双峰骆驼重新引进或把驯养的骆驼放归野外，植物的景观可能将变得更多样化。骆驼曾经是生态群落的重要组成部分。澳大利亚有一些管理良好的牲畜和单峰骆驼共同放牧项目，这些项目既能提供肉和牛奶，又能增加植物种类的镶嵌现象。

大象在西方将是另一位优胜者。在奥杜威峡谷，我看到大象以灌木森林为食。虽然存在过多锐利的尖刺和荆棘，可大象像拖拉机一样有效地清除灌木，留下废物使土壤得以更新。东非大平原上的许多开阔草地都归功于有大象的帮助。将大象引入得克萨斯州爱德华兹高原的杜松林中可能会缓解杜松带来的问题。

另一个想要引入美国西部的“野化物种”是猎豹。猎豹曾经生活在此。可能大约250万年前，美洲豹首次出现在这里，但在大约2000年前，它和其他巨型动物一起走向了灭亡。原因是美洲叉角羚跑得太快了。叉角羚移动的最高速度能达到 60 英里（96 公里）/ 小时，速度仅次于猎豹。但是猎豹仅仅是一名短跑选手，而叉角羚是一名耐力运动员。叉角羚能以平均 40 英里（64 公里）/ 小时的速度跑上半小时或更久，它们飞驰在怀俄明州高高的大草原上。叉角羚并不是因为生活原因才跑得那么快的。进化生物学家相信它们是逐渐形成像美洲豹一样的快速奔跑能力的，因为当叉角羚、猛犸象、巨型树懒在北美平原上漫步时，美洲豹就出现在身边。猎豹重新回归美国将给叉角羚保持健康的动力。同样，曾遍布于整个非洲和亚洲西南部的非洲豹的数量已经大大减少，不大可能存活到下个世纪。将它们迁移至北美大平原可能增加它们存活的机会。这不会是将入侵物种引入北美洲的另一个例子，因为所有这些物种在人类出现以前很早就已存在。在许多方面，人类才是最坏的入侵物种。

目前在世界各地的动物园里大约有 1,000 只非洲豹，由于亲缘关系较近，可以作为美洲豹的替代者。我曾在坦桑尼亚的恩戈罗恩戈罗火山口的一辆旅行车里看见一只猎豹：它在太阳下梳理自己的毛发。猎豹的后面是一些羚羊，羚羊引起了猎豹的注意。猎豹慢慢地站起身来，开始偷偷地接近一只羚羊，这时 2 只鬣狗跳了起来，被猎豹的狩猎姿势所吸引。它们露出巨大的牙齿，像高兴的小丑，并等待行动的开始。

猎豹摆出跑步者的姿势然后一路狂奔，身后留下一片巨大的尘埃。飞奔的猎豹迅速追上了羚羊并把它扑倒，而此时鬣狗在蹦蹦跳跳，非常兴奋地共享这顿大餐。

这样的场景能让游客欣喜若狂。即使在北美洲，生态旅游也有筹集大量资金的潜力，这有助于公园更好地保护这些动物以及周围群落。每年约有 150 万人进入加州圣地亚哥野生动物公园参观大型动物。相比之下，12 个美国国家公园才能接待同样多的访问者。

在美国，公立和私立公园给游客带来的兴奋感存在差距，而野化也许能填补这些差距。将狼重新引入黄石国家公园后，公园每年额外增加了 600 万 ~ 900 万美元的收益，而公园为此付出的成本为 50 万 ~ 90 万美元。如果让人们有机会在野外看到狼能产生那么多的收益，那看到猎豹或大象会产生多大的收益呢？

在最后一次冰河时代结束以前，整个北美洲都能见到加州兀鹫的身影。10000 年前，它们徘徊在科罗拉多大峡谷的上空，捕捉现已灭绝的大型动物。如今，加州兀鹫再次在科罗拉多大峡谷上空翱翔，但是为促进人工繁育计划，人们必须用牲畜的尸体来喂养这些动物。假如更新世的巨型动物回归到美国西部，这些食腐动物也许会再次繁盛起来。

如今，在美国东北部的森林中，鹿的数量处于历史新高，致病害虫也是如此，正如我们曾经看到的黑腿蜱那样。疾病的存在与蜱虫、白足鼠和白尾鹿有关。灰狼曾经导致鹿避开更易受到攻击的树木繁茂的区域。但没有了灰狼，白尾鹿频繁地出现在树木繁茂的森林中，这里是蜱虫和莱姆病发病率最高的地区。假如狼能回归，形成平衡性更好的生态系统，将降低疾病风险，包括莱姆病、汉坦病毒、猴痘、伤寒、鼠疫和出血热。

这些经过野化的巨型动物替代物种与生存在更新世灭绝时期的物种未必完全相同，但它们能发挥相似的作用，正如北美游隼项目中重新引入的鸟类一样。那个项目试图恢复北美游隼的种群。由于人们使用滴滴涕（DDT）作为杀虫剂，导致游隼的蛋在孵化时变得过于易碎。滴滴涕于1972年被禁止使用，但仍残留在环境中好几年。项目利用大量来自不同亚种的人工繁殖鸟类来支撑美洲隼种群。最终，这些鸟类填补了美国中西部游隼种群留下的生态位，该种群消失于20世纪60年代。

生物学家应小心和谨慎地监测和控制更新世的野化计划，与此同时要尽可能地保证忠实于化石记录。私人土地将发挥最直接的潜力。目前，超过77,000种亚洲和非洲的大型哺乳动物占据了得克萨斯州的大牧场。美国西南部更大面积的公共土地能够进一步扩展这个计划。

墨西哥地鼠陆龟和外来马种可能是逻辑上的第一步，因为就在最近它们在北美洲占据了相似的地盘。接下来可能是骆驼和无峰驼，因为这些动物有助于控制入侵植物。最后引入的可能是大象和非洲狮。通过大象和骆驼控制木本植所带来的益处之前已经解释了。但非洲狮所带来的益处更具争议性。非洲狮子曾经一直是分布最广泛的陆生哺乳动物。亚洲狮已经极度濒危，只在印度的古吉拉特邦存活着单一种群。然而狮子已被引入到非洲和印度的保护区里管理起来了，这些保护区的面积与美国一些相连的私有土地的面积相差无几。

建立一个捕食者种群将是必需的。当然，焦点是狮子有时会攻击人类。在美国，人们已经日益接受美洲狮袭击人的这样一个现实。攻击事件再也不会造成人们大量捕杀狮子。但非洲狮的体形和捕食者地位将会上升。非洲狮是非洲的顶级捕食者。

重新引入狮子的非洲和印度保护区已成功地重建了狮子的正常行为

和对猎物种群的控制。但是重要的问题必须在猎豹和狮子重新引入美国之前得以解决。

在20世纪90年代，狼被引入到黄石国家公园，它们遏制了驼鹿种群的不断壮大，这足以让森林恢复起来。狼也开始捕食土狼，不仅仅是作为猎物，而是作为竞争对手。这就减少了土狼对叉角羚幼崽和其他像浣熊和海狸一样的小型捕食者的捕食。狼还减少或吓跑了践踏河边植被的有蹄哺乳动物，增加了候鸟用于筑巢的栖息地。

在人类迁移到北美洲之前，这里有更多的捕食者和猎物，它们处于更大的、更平衡的生态系统。这一情况到现在已经减少、贫乏和反常。我们的鸟类、动物、爬行类和两栖类的数量都已变少，几乎所有的一切都变少了。加州大学伯克利分校的古生物学家查尔斯·马歇尔说："但我们非常适应，这意味着我们没有牢记过去。我在澳大利亚长大，那里到处都是野生动物，能听到各种各样的大自然的声音。相比而言，美国远比澳大利亚贫乏，能听到的自然声音要少得多。但是我已经适应了。我再也没有留心相对寂静的日子，但是当我来到这儿时，我还是注意到了这一点。"

科学家告诉我们，东南亚的丛林曾经是喧闹的森林，有着丰富的野生动物叫声。但这些丛林已经成为国际野生动物市场的主要供应者，人们把这里的动物作为食物、传统医药、宠物、战利品和装饰品。而这些需求都来源于亚洲地区的经济增长，个人财富增长和中国传统医学的日益普及导致对这些的需求不断增加。

据纽约野生生物保护协会物种保护副主席莉兹·贝内特所说，偷猎现象在整个东南亚都非常普遍，整个地区变成了没有野生动物的"寂静的森林"。她发现在马来西亚的库巴国家公园里和婆罗洲的岛上，这样的现象最明显。"这是一个美丽的森林，所有的树木都完好无损，到处是昆虫的叫声，但你听不到早晨长臂猿的吼叫，鸟儿的歌声，你甚至看不到松鼠的身影。"

对于美国人来说，野化可能是一个外来的概念，但对于荷兰人来说却不是。弗莱福兰省位于荷兰中部，以前是北海的一个入海口的底部。在20世纪50年代，一个巨大的排水项目将弗莱福兰省从以前的海底淤泥中抬了起来。如今，弗莱福兰省管理着东法尔德斯普拉森保护区，那是一片在淤泥中建立起来的原野。生物学家目前在这片15,000英亩(6,000公顷)的土地上引入了各种动物，如果不曾沉入水底，这片大陆和弗莱福兰省本来就是它们的栖息地。大多数原来的动物已经灭绝，因此生物学家把目光转向了替代物种。为了替代欧洲野牛(一种体形庞大且现已灭绝的牛科动物)，他们引进了海克野牛、马鹿和科尼卡马(一种原产于波兰的原始品种)，它们通常以野生种群形式生活在大自然中。他们还增加了白尾雕、乌鸦、狐狸、白鹭、鹅和其他生物。现在，成群的大型动物漫步在这个荷兰的公园里，从远处看像是在塞伦盖蒂平原上一样。游客支付45美元就能在此地体验游猎般的旅行。

荷兰的尝试非常成功，进而激发了南欧的野化运动。每年有数千英亩的耕地边缘是无收成的，其中一些耕地是用于应对气候变化的，人们提议将这些耕地在未来用作建设公园。自然和人类基金会最近在西班牙的埃罗德亚萨瓦那生物保护区放归一群由24只雷图埃尔塔马组成的马群，雷图埃尔塔马是欧洲最古老的马种之一。如今，欧洲许多地方的大片土地已被废弃，这给大自然提供了一次机会。雷图埃尔塔马这一新种群的建立将有助于保证这一稀有品种在黑美洲鹫和黑鹳生活的地区中生存下来。野化倡导者也在葡萄牙的法雅不拉瓦保护区开展工作，他们希望能让葡萄牙马与白腹山雕、金雕、兀鹫、埃及秃鹫和雕鸮混合生活在一起。

谁将会是未来的物种？

野化背后的理念是宏伟的，但问题是：第六次大灭绝是否会让世界不受任何损伤呢？或者人类会在熄灭灯光之前，推平或烧毁地球上最后一片空地吗?不论是火山、小行星或是人类,过去大灭绝的发动者已经留下一片满目疮痍的景象,地球需要很长一段时间才能恢复过来。假如野化没有留下任何遗产,假设人类退出舞台,那么将来的动植物会从哪儿来呢?

华盛顿大学的古生物学家彼得·沃德在他所著的《未来进化:一段关于未来生命的启发史》一书中写道:如果未来地球被人类毁坏,驯养的或城市的物种将是最好的候选者。他相信,在大灭绝之后,驯养的动物和植物将成为他所说的恢复动植物的优势类群。他声称驯养物种正在取代灭绝或濒临灭绝的生命的功能地位。

驯化的植物应该存在问题,据加州大学戴维斯分校现代进化研究所的主任斯科特·卡罗尔所说,“它们实际上就像宠物一样。我们主要负责浇水、施肥,像照顾室内盆栽植物一样照顾它们”。一些适应性的植物(如枣椰树)可能会像杂草一样持续生长,但他对农作物或任何主要驯化谷物的野化一点也不乐观。

成功的驯养动物种类表现为快速成熟、在圈养环境中的繁殖能力、受到惊吓时不惊慌和——也许是最重要的——一个顺从的性情。如果驯养物种表现出这些特性,它们将活下来;如果没有,人类将杀死它们。出于这个原因,驯养动物基本上比它们的祖先更加愚蠢。狗比狼更愚蠢,猫比狮子更愚蠢,牛比野牛更愚蠢。卡罗尔认为驯养的马可能能够存活下来。他说:“马被培育成善于奔跑,这给它们机会去对抗狼和美洲狮的捕食。另一方面,牛并不擅长奔跑。”

当然,这些动物现在已经取代了世界草原上的巨型动物,但是绵羊、山羊或牛是否能在没有人类保护的情况下生存下来呢?很难想象驯养动物能够接管大自然,或人类会留下多少完好的大自然。

为了了解最后的大自然可能是什么样的,我访问了位于威尔希尔大道佩吉博物馆周围的拉布雷亚沥青坑。在洛杉矶一个阴天里,加州大学洛杉矶分校的两个研究生凯特琳·布朗和玛伊琳·帕里斯带我参观了博物馆以及著名的沥青坑。我们参观了 91 号坑,这是世界上拥有最丰富的冰河时代化石的中心。坑壁已经用铁路枕木作为支撑，整个挖掘场所被玻璃所包围。这个坑实际是洛杉矶的汉考克公园地表下约 1,000 英尺(304 米)的盐水湖油田矿床中的一个沥青坑。91 号坑位于洛杉矶市中心以西 7 英里(约 11 公里)，好莱坞以南 3 英里(约 5 公里)。

在 19 世纪初，早期的洛杉矶人来到这里收集沥青用于道路建设和其他用途。这里较早发现的化石被认为是驯养动物的遗骸，1875 年，一位地质学家威廉·丹顿参观了沥青坑并鉴定出一块剑齿虎的犬齿。然而，人们并没有意识到这些坑是一个怎样的宝藏，直到 1901 年，另一位地质学家鉴定出这些化石都来自已经灭绝的物种。古生物学家的“淘金热”随之而来，由于担心这个地方会被翻个底朝天，从 1913 年到 1915 年，这片土地的所有者乔治·艾伦·汉考克授予洛杉矶自然历史博物馆挖掘这些坑的专有权。

博物馆从这些坑的大约 100 个地点中挖掘出近 100 万块骨骼。这些骨骼包括剑齿虎、惧狼、美洲狮和短面熊，它们都比现代同类型的动物要大。北美巨型短面熊的重量达到 2,500 磅(1,134 千克)。它的近亲是南美史前巨型短面熊，重量达到 3,500 磅(1,600 千克)，也许是当时最大的食肉动物。这些坑还挖掘出骆驼、地懒和乳齿象的遗骸。

夏天里，表层的沥青变成了一层厚厚的、黏稠的物质，并迅速被尘土和树叶覆盖形成一层欺骗性的外观，使这些坑变成了有效的动物陷阱。如果一个地懒、骆驼或猛犸象冒险闯入这片地面，它将会从踩到只有 1 ~ 2 英寸(约 2.5 ~ 5 厘米)的沥青到完全陷进去，让这些动物要么饿死要么被捕食者袭击而死。

冬季里，沥青将再次变得坚硬，缓慢地埋葬在温暖季节捕获的骨骼。在拉布雷亚沥青坑中最有趣的发现之一是，食肉动物数量超过食草动物数量几乎 9 倍。陷入沥青中的鸟类主要是猛禽。陷入泥泞的食草动物的声音可能起着诱饵的作用，从而让捕食者也身陷泥潭。一旦这些骨头被覆盖上沥青，它们很少会受到风化作用的影响，因为沥青是一种很好的防腐剂。

由于这些坑处于不同的时期，它们给我们的世界开启了独特的窗口，展现出2.7万年至4万年前的光景。1977年，在拉布雷亚沥青坑建立了乔治·C.佩吉博物馆，收集的骨骼被转移到了博物馆中。91号坑重新开放，目前正在挖掘。博物馆的工作人员，加州大学洛杉矶分校的专业学者和各种志愿者目前正在关注较小的猎物、食肉动物、鸟类和植物，希望能了解巨型动物漫步在地球上时存在的生态系统。

晚春的一天，我在办公室遇见了加州大学洛杉矶分校的古生物学家布莱尔·范·瓦尔肯博，她在学校中负责发掘工作。她声称拉布雷亚沥青坑提供了一扇精确的窗口，让我们深入了解更新世灭绝和人类崛起之前的生命及其周围的生态系统。她的研究集中在大型肉食性动物。现代物种与更大更复杂的捕食者共同进化，她的目的之一就是了解当初那些动物是如何影响当今动物的。

佩吉博物馆中有一座机械雕像，一头剑齿虎骑在一只巨型地懒的背上，而巨型地懒是更新世时自然界最大的野兽之一。机械剑齿虎一次又一次用它巨大的犬齿咬入地懒的颈部，但这是一个错误的描述。范·瓦尔肯博向我指出："事实上，剑齿虎不可能咬到这种动物的背部。地懒与犰狳是近亲，小结节状的骨头镶嵌在浓密软毛下方的皮肤里。剑齿虎的牙齿不可能刺穿这样的毛皮。剑齿虎或许不得不去攻击地懒的颈部，而地懒应该用它的手臂打翻剑齿虎。地懒当时是非常强大的。"

在36000年前的坑中，还有一幅一群惧狼快速地肢解一只骆驼的典型图景。它们可能受到盘旋头顶的大秃鹫的挑战，而大型的土狼在附近徘徊，渴望享受残羹剩饭。但只有剑齿虎——它体重是惧狼的2倍——能够将惧狼赶走，抢夺它们杀死的猎物。范·瓦尔肯博说："在接下来的日子里，骆驼的死亡几乎没留下任何痕迹，随着时间的推移，它们的骨头埋在了沥青之中。这就是我们现在研究这些化石，推测出当时的情景。"

据范·瓦尔肯博所说，36000年前的生命与当今相比最大的变化是：多样化的大型动物居住在北美洲，这种情况一直持续到最后一次冰河时代结束时，大约 10000 年前。在大约 36000 年前，地球上生活着 56 种有蹄类哺乳动物，它们的体形如野猪一般大小，甚至更大。如今仅有 11 种。15 种食肉动物在捕食柱齿象、猛犸象、欧洲野牛、马和骆驼，它们的体形如郊狼一般大小，甚至更大。现在只有狼接近洛杉矶这一地区。

在更新世，这个城市是一片宽广的泛滥平原，有着茂盛的地表植被，许多条小溪和河流从盆地周围的高山上奔流而下。那时的气候比现在更凉爽、更湿润和更清新，更像它以北 300 英里(480 公里)、以草木繁盛而著名的大苏尔地区。这些沿海陆地吸引了随着季节沿海岸线迁徙的动物，它们沿途以植物和动物为食。

那么，接下来这一情境，就是我们尚未出现时的生命世界的样子：那是一个绿地、野生生物和鸟类的天堂，紧挨着的蓝色海洋里，鱼、鲸鱼和海洋动物同样丰富。虽然工作在拉布雷亚沥青坑的科学家提出的观点有点可怕，但它并不总是那样。

多种捕食者联手捕捉一个猎物并不是常态。事实上，科学家推测，在一个十年期间，在众多的事件中，只需一件就足以在拉布雷亚产生发掘的所有化石了。这里四周是大量的绿色植物、灌木和乔木。36000 年前，洛杉矶的捕食者本应该使动物群更强壮和植被更绿。

这片如今被高楼大厦所环绕的地区曾经是一个充满各种我们难以想象的生物的天堂。但是，如果想要回到这田园诗般的情景，唯一的办法就是没有人类。

所以机会是什么？人类是否能从大灭绝中存活下来？逃离是唯一摆脱困境的出路吗？

第十三章

入侵火星

如果我们破坏了地球，我们应该尝试在另一个星球上居住吗？星际旅行可能是人类变革的一个重要力量。其他行星可能具有不同的大气环境，不同的宇宙辐射，不同的昼夜周期，差异很大的温度，并有着彻底不同的重力。所有这些都是强大的进化力量，并随着时间的推移改变人类，使之与地球上生活的人类完全不同。单单是重力的改变就可以产生差别。在星际旅行的讨论中，火星是经常被提到的。

乔瓦尼・夏帕瑞丽是意大利米兰的布雷拉天文台的主任。19 世纪末期，他首次通过天文台的望远镜认真研究火星。在星球的表面，他计数到超过六十个纵横交错的痕迹。夏帕瑞丽以地球上著名的河流来命名这些痕迹，把这些痕迹标为卡纳利（canali），意大利语言表示隧道的意思。但它们最早是由一位富有的新英格兰作家和天文学家珀西瓦尔・洛厄尔进行描述的，在他所著的《火星和它的运河》（1906）一书中把那些卡纳利鉴定为一个全球性的灌溉系统，是由濒临死亡的火星上充满智慧的居民制造而成，目的是为了利用极地冰盖的水。这样的描述激起了公众的想象力。珀西瓦尔对火星的描述表明将火星开拓成殖民地可能不是答案，因为火星上已经有人存在。

在 12 月一个寒冷的夜晚，温度降至接近 20 华氏度（零下 7℃），我冒险进入洛威尔为自己在亚利桑那州小城市弗拉格斯塔夫修建的天文台。作为天文台的客人，我被允许用1896年由阿尔万·克拉克公司为洛威尔建造的拥有24英寸(61厘米)镜头的巨大折射望远镜观看火星。当工作人员转动着天文台圆顶里的天文望远镜，我看到的火星像在天堂里一样美丽。太阳落山后的几个小时里，我通过这样好的仪器注视火星，试图找到被洛威尔称为会令每个人都兴奋的卡纳利。

人们很难辨认出火星上的运河。月球较早期的环形山已经变得清晰和鲜明，但火星上的运河看起来很模糊，特别是当你知道由宇宙飞船拍摄到的现代高分辨率的火星表面地图仍然没有展现出运河的特征时。许多人感觉火星上的运河也许是人们用望远镜观测时间过长和时间太晚所产生的一种视觉幻想。想想在洛威尔的发现之前，巴拿马和苏伊士运河在数十年内相继出现，也许他感觉火星上的人也必定会建设运河。

于是，他和他的助手花费了超过10年的时间来绘制火星表面的数百条运河系统。他的望远镜是当时最先进的设备，但是远不及今天的望远镜所提供的分辨率。在20世纪60年代，由位于洛杉矶附近的威尔逊山天文台所拍摄的火星红外光谱照片显示，这颗红色星球(如同人们称之为火星是因为其明显的红色色调)有非常低的大气压力。火星上的压力约为4.5毫米汞柱，而地球为760毫米汞柱。在4.5毫米汞柱的压力下，水表现得像干冰。在其熔点上，它直接从固态转变为气态。因此，珀西瓦尔·洛威尔认为火星上存在运河系统的想法是不可能的。水不可能在火星表面上流动。

然而，在1971~1972年开展的“水手号”探测器飞行任务拍摄的火星表面照片以及“海盗号”探测器飞行任务拍摄的照片都表明，行星古老的地表上有呈网络状分布的山谷，与地球上的河床和溪流床十分相像。2008年,“凤凰号”火星探测器成功登陆火星的北极，并发现纯净的水冰。洛威尔的想法是否部分正确呢?

在我们的太阳系中，这颗来自太阳的第四颗行星比其他任何星体更像地球。火星的表面更崎岖不平，因为它的年龄更老，且很少修补。火星存在干冰区域、环形山、火山群、冲积平原、峡谷和高山。奥林匹斯山比火星表面高出大约 16 英里(25 公里),覆盖区域的直径为 374 英里(624 公里),大约相当于亚利桑那州的大小。水手谷的长度超过 1,850 英里(3,000 公里),大约覆盖火星周长的五分之一。而地球上的科罗拉多大峡谷大约只有 500 英里(800 公里)长。

长期以来火星一直吸引着天文爱好者的关注,因为它经常被认为是当地球不适宜居住时,我们能够到达的最近的地方。它也可能是一个跳板,人们借助它到达绕其轨道飞行的矿产丰富的小行星。因为其低重力,火星可能被证明是一个跳板,有助于我们探索银河系中更遥远的恒星。自 2001 年以来,火星"奥德赛号"探测器一直在绕火星轨道飞行,它利用红外相机和 γ 射线光谱仪对火星表面的内容进行绘图,发现分布在两极附近大片区域的土壤中含有超过土壤重量 60%的水冰。

科学家相信,这些水的观测结果证明火星上曾经拥有一个温暖、湿润的适合于生命存活的大气层。早期火星的大气层有着比现在更多的二氧化碳,从而产生相当大的温室气体效应和更暖和的气候。这些情况在火星上一直持续到大约 40 亿年前,接近于地球上生命开始进化的时间点。火星上的生命是否在同一时间进化呢?其他星球上是否也存在生命?银河系中存在数百万颗恒星及其周围数以百万计的行星,我们的地球怎么可能是唯一存在生命的星球呢?

火星上的一天类似于地球上的一天,持续 24 小时 37 分钟。火星绕其轴线旋转,有 4 个季节,但因为火星一年大约有 669 天,春夏秋冬的持续时间大约是地球上现样季节的 2 倍。如果没有一套好太空服,现在的火星环境对人类来说将有些艰苦。火星上的白天气温可以高达 17℃,但到了晚上,它们降到零下 90℃。这种环境不适合在月光下散步,尽管火星有两个月亮。

火星是否曾经有过生命的问题一直是科学家探索的难题。1976 年,美国国家航空航天局(NASA)发送"海盗 1 号"到达火星上的克利斯平原,并开展了几个实验,他们希望能找到是否存在生命这一问题的答案。

气体交换实验计划是设计用一种营养丰富的溶液“鸡汤”去浸泡火星的土壤，当这些溶液加入土壤中后，可能促使某些东西呼吸。7 月20 日，“海盗 1 号”在火星着陆，从登陆船上伸出一只手臂，挖出一些泥土，给它洒上一些营养液。当土壤与营养液接触时，就会猛烈喷发出氧气。

但其他实验没有产生类似的结果。科学家推测，火星表面可能覆盖着“超氧化物”，这些物质是由于强烈的紫外线频繁地照射火星表面而形成的。这些超氧化物与营养液中的水产生了反应，释放出氧气。美国国家航空航天局艾姆斯研究中心的行星科学家克里斯托弗 · 麦凯说：“这种情况等同于你将过氧化氢倒在伤口上一样，它会耗尽所有存在的有机物。”

最近的火星探测是 2013 年由“好奇号”火星探测车完成的，它分析了粉末状的土壤样品，并发现了一些希望。“好奇号”从位于 3 英里（5 公里）高的盖尔环形山中部离着陆点仅有半英里地方的一块岩石上取得的样品中包含了硫、氮、氢、氧、磷、碳元素，这些都是地球上构成生命的主要成分。

2011 年，火星侦察轨道器在火星的一面斜坡上发现了季节性形成或消失的条纹，可能是地下水冰在火星春季时融解并流动导致的结果。许多火星上的水被滞留在永久性冻土里或者冰中。《赶往火星：红色星球定居计划》的作者罗伯特 · 祖布林（与理查德 · 瓦格纳合著）说道：“当前的知识表明，如果火星地表光滑，所有的冰和永久性冻土融化成液态的水，整个星球将被超过 100 米深的海洋覆盖。”

火星可能曾经拥有适合生命起源的温暖湿润气候。在它最初的 10 亿年左右的时间里，火星和地球都有二氧化碳的环境，并且都被水覆盖。

我们知道，生命在我们的地球上发生了进化，但生命在火星上是否发生进化了呢？生命是一个只有百万分之一机会且几乎不可能出现在别的地方的风险大的赌注呢，还是在特定环境条件下自然发生的现象呢？如果我们发现火星上有生物体或简单的化石，这可能意味着宇宙充满着生命。这确实是一件大事，它可能会成为人类的逃生舱口。

和许多事情一样，继续探索火星和发展空间站的最大障碍是钱。从哪里获得足够的钱呢？当约翰·F. 肯尼迪启动阿波罗计划，计划将一个人送上月球时，美国和俄罗斯正处于冷战中期，相互竞争和民族自豪感是推动这个计划实施的巨大动力。但冷战的日子已经一去不复返，没有类似东西的出现来推动火星计划向前发展。一些人说，我们应该等待技术进步，去彻底改造它。但祖布林说，时不我待。他觉得我们能够依靠我们已经拥有的技术接触火星，即基于阿波罗时代的土星 5 号运载火箭和航空飞机时代发展的发动机和助推器相结合的技术。

火星有点儿远。离它最近的轨道位置大约有 3,800 万英里(5,600 万公里)的距离。从地球到火星最好的启程时间是当行星处于它们最大的距离的时候。在长途的旅行中，两个行星最终将靠得更近，使旅程的距离达到最小。

那么还存在燃料的问题。祖布林认为很难获得从地球到火星飞行一个来回所需要的充足燃料。他提出的其中一个最大胆的建议是，我们既要从地球也要从火星上获得我们所需的燃料。他相信，我们只需要从火星获得碳和氧，从地球带上少量的氢(约 5%)。二氧化碳可以直接从火星的空气中提取，这里有 95%是二氧化碳。我们可以带上一个罐，并填满活性炭或其他合适的材料，在火星极其寒冷的黑夜把它放出去。在晚上零下 90℃的寒冷环境中，这些材料会吸收相当于自身重量 20%的二氧化碳。当太阳重新升起时，材料变暖，我们就能生成碳含量高的燃料。

我们的想法是把无人设备送到火星，让它首先处理燃料，当燃料站充满且处在适当的位置时，再开始载人探测任务。第一个任务时可能有足够用于往返的燃料，但额外的重量将需要额外的推力，如果我们可以从火星空气中获取火箭燃料，我们将在竞赛中处于领先。

一旦我们获得足够的二氧化碳，我们就可以用从地球上带来的氢气与其混合，获得甲烷和水。产生的水分裂成可贮存的氧气和氢，氢能够回到生产甲烷的过程重复利用。生产甲烷所必需的设备将包括三个反应器，每个 3 英尺(1 米)长，直径为 5 英寸(12 厘米)。

科学家们认为第一次任务可能是危险的，祖布林也同意，但他认为一小队人仍然是最好的。它将包括 2 个机械师或飞行工程师，如果你愿意，还包括 1 名生物学家和 1 名地质学家，总共 4 个人。这将提供两支由科学家和机械师组成的队伍，一支在大本营，一支在现场工作。地质学家将探索火星的地质历史，同时评估星球的燃料和地质资源。生物学家可以解决火星上有关生命存在的问题，同时评估土壤和环境，看它们是否有能力供养温室农业。

我们可以让塑料反应产生氢和二氧化碳。火星土壤中满是黏土，因此我们可以利用陶瓷技术制作陶器，包括盆、盘子和杯子以及砖块。在火星上其中最容易获得的一种材料是铁。正是因为土壤中的铁使火星的颜色呈现为偏红色。碳、锰、磷和硅是很常见的，它们能与铁混合制成钢。火星也有大量的铝元素。

硅也很丰富。这或许能用来制作能够产生能量的光伏板，尽管在早些年很难获得充足的硅。虽然这可能不是一种流行的观点，但祖布林认为有必要把地球的核反应堆运到火星上以满足基地早期的能量需求。一旦基地能很好地建立起来，太阳能、风能、地热能可以混合使用。但是，核能是维持运转所必需的，除非有人想耗尽燃料这种必需品然后回家。

地热能将是一个吸引人的资源，也许可以替代核反应堆。地热能是地球上的第四大能量来源，仅次于燃烧能、水能和核能。我们的想法是利用行星内部的热量煮沸液体，并利用产生的蒸汽运行发电机。如果探险者发现一个接近地下水的地热源，这将是一个诱人的火星基地建设点。

火星上还有其他珍贵的材料，包括氘，它是氢的重同位素，核能的关键要素之一。火星上氘的含量大约是地球上 5 倍，且 1,000 克氘价值约 10,000 美元。

但是也许建设一个站点的最大的吸引力是进行星际贸易的可能性。火星接近于火星和木星之间环绕太阳飞行的主要小行星带。小行星含有大量的优质的金属矿石，使它们更有用于星际贸易的吸引力。平均直径约 1 公里的小行星可能含有约 2 亿吨铁、3,000 万吨镍、150 万吨钴、7,500 吨铂金，单是铂金就价值约 1,500 亿美元。

一个火星站可能作为前往太阳系其他星球和太阳系以外星球的中转站。根据祖布林的计划，地球到火星的部分站点可以改变用途，作为一个新的火星定居点的第一批房屋。由覆盖在星球表面的细粉黏土状尘土做成的砖块可以作为额外的支撑。这些建筑材料可以用于建造罗马式的拱顶或高大中庭。

房屋将不得不修建在地下。火星居民的房屋顶部将需要覆盖至少 8 英尺(2.5 米)的尘土，保持房屋的密封性以避免大幅波动的温度对他们的影响。大型的塑料充气式结构可以作为临时住宅，同时修建地下建筑物和地上温室用于最终的农作物栽培。

火星的大气层很浓厚，足以保护最初的建设者和农民抵抗太阳耀斑，并且还有其他的好处。虽然火星上的太阳光少于地球上的，但也足以进行光合作用。增加一些二氧化碳到温室里，从而弥补减弱的太阳光。火星土壤比地球的更肥沃，它可能需要额外的氮，但可以像在地球一样在这里合成氮肥。饲养牛、绵羊和山羊将是低效的，因为喂养它们的粮食是直接提供给人类的粮食的 5 倍，所以火星宇航员在早期时可能不得不放弃牛排。

探索火星的首要任务将是寻找水源。过去探测所得的证据表明水是存在的。对于载人飞行任务，或许能从地球带上更多的含氢(H)物质来制造水，但一旦进入开发阶段，火星人口开始增长，水将不得不自给自足。有水的地热源将是非常好的。让我们但愿它别太靠近两极。来自 2009 年火星勘测轨道飞行器的观测报告说，在位于北纬 43° ~ 56° 的相对新的环形山处发现了纯净的水冰，这是一个相对温和的火星气候区域。

虽然祖布林的所有建议都可能听起来令人却步，但在刚刚过去的世纪里，我们已经跨越了技术障碍，使任何事情似乎都有可能。这是人类的一种冒险精神，可以让我们的美梦成真。这让我们想起罗伯特・斯科特船长和他的南极探险。希望火星探索之旅有一个愉快的结局。

火星上的生命

当我们展望未来，火星可能也是一个能了解我们的过去，甚至早期生命的奥秘的好地方。火星上三分之二地表的年龄为 38 亿年或更老。与地球相比，火星上的火山岩要少很多。因为火星很小，不到地球的一半，这颗红色星球冷却的速度比地球更快，并形成一层厚厚的牢固的地壳。由于板块构造的结果导致大陆板块碰撞、下沉和重建，使得地球表层在不断更新。地球的化石记录只能勉强描述出产生生命的最初步骤，即细胞、光合作用和 DNA 的出现。希望在火星上，它的地壳亿万年来保持不变，留下的任何化石都更完好，与地球相比，这里可能是一个能更好地了解生命形成的地方。

麻省理工学院和哈佛大学的研究人员认为地球上的所有生命起源于火星上的微生物，这些微生物是附着在陨石上来到地球的。火星与地球的气候曾经更加相似，所以能在一个星球上存活的生命也可能在另一个星球存活。此外，一颗估计有 10 亿吨的岩石从火星飞向地球，这颗岩石由于小行星撞击的影响导致松动，接着穿越星际空间，最后撞击地表。微生物已被证明具有能在最初撞击的影响下存活的能力，以及在穿越星际空间到达另一个星球的旅程中的坚韧性。

那么，火星上当前的生命形式是什么样的？虽然火星表面的环境看起来有些艰苦，但生命是否存在于火星表面之下呢？科学家们一直在关注地球上的阴森的角落，试图揭示生命所能承受的环境的艰苦程度。我采访过鲍勃·沃顿，他已经在 2012 年去世了。他是一个坚毅的研究者，曾经在查克·诺里斯的指导下学习空手道，他在南极洲冰冻的湖泊底部发现了生命。在距离南极约 800 英里（1,280 公里）的泰勒山谷的霍尔湖中，他的船员花了半天的时间在 20 英尺（6 米）厚的冰壳上融化出一个洞，然后爬进去下到湖底。他们发现的是奇异的微生物垫，它们是含绿色、红色和紫色色素的薄层组织，能够捕获有限的光线。沃顿说：“它是一种相当高级的生命形式。已经有了细胞壁，并且也有了把信息传递给后代的细胞内 DNA。虽然它的体积并不大，但它是生物进化中的一大步。”

尽管冰上的平均温度为零下 33 摄氏度，但是冰下的一切都是温暖舒适的且温度在零摄氏度以上。科学家称这样的冰为“热缓冲层”。沃顿也在加利福尼亚州沙斯塔山的 14,179 英尺（4,322 米）的火山顶上寻找生命。他对生活在酸性温泉中的微生物进行采样。沃顿说：“水应该会把我的衣服烧出洞，但微生物却在这里繁荣兴盛。”生物是否能在火星上的类似环境中生存呢?

即使生命现在无法在那里生存，但有朝一日也许可以。要使火星更适宜居住可能需要一些持之以恒的努力，并通过所谓的地球化过程来改变那里的大气环境。地球化就是刻意改造星球的特征使之更像地球。我们可以从我们自己的全球气候变暖问题中吸取经验，开始将二氧化碳释放到火星大气中。融化火星的极地冰冠将是一个好的开始。这将释放出二氧化碳，可能也释放出甲烷，这两种温室气体都被冰封在永久性冻土里。释放出的二氧化碳就使大气层变厚，就像盖上一张毛毯，从而使星球变暖。

祖布林有几种方式使这个毛毯不断成长。一是在火星上建造工厂，生产人造温室气体。这种方式使火星南极的温度提高 4 摄氏度，进而引起无法控制的温室效应，从而能够捕获更多的热量。一个适合这项工作且持久的温室气体将是是卤烃如氯氟烃（CFC），它们以前用作冰箱的冷却剂和某些喷雾罐的推进剂。然而，我们将要不得不仔细选择我们的卤烃，仅选择那些没有氯的卤烃。

祖布林说：“使用氟化碳（CF）气体（与氟氯化碳截然相反）将保证臭氧的持续存在，同时氟化碳气体增加了温室效应。”氟碳化合物，如 CF_4（四氟化碳），可以用来代替氯氟烃气体，在不破坏臭氧层的同时创建温室效应。

火星探险者可以在两极使用大型的轨道反射镜聚集太阳光。半径达 77 英里（125 公里）的太空反射镜能把光线反射回火星的南极，从而达到此目的。一面 4 微米（千分之四毫米）的镀铝反射镜重约 22 万吨，不可能把它从地球上拖运过来。但是我们能在火星的卫星上或小行星上制作天基反射镜。

搜索火星

还有政治方面的因素影响这个计划。如果美国想再次进行火星探索竞赛，它必须计算好正确的时间。据祖布林所说，对于美国来说，这一机遇的有效期是八年。这正是美国总统的平均执政年限。1961 年，肯尼迪总统制定了 1970 年实现到达月球的目标。到 1968 年，执政部门发生了改变，甚至于当阿波罗宇航员正在登陆月球时，尼克松总统就宣布暂停未来的项目。

随着往返飞行的结束，美国的人类太空飞行计划暂时停止了，太空旅行不得不寻求国际合作。2012 年，俄罗斯和中国合作开展了一项雄心勃勃的被称为火卫一（“Phobos–Ground”）的计划，即福布斯 – 土壤（火卫一 – 土壤）火星探测计划，目的是从火星最大的天然卫星，火卫一，取样并运送回地球。然而，福布斯 – 土壤火星探测器在飞行的两个半小时中，未能实施升轨计划，它从未离开过地球轨道。从行星的卫星带回土壤样品的目标仍然值得尊敬，但它或许在未来才能实现。请记住，美国和苏联的太空计划在成功之前都经历了多次失败。

卡尔・萨根是一名受欢迎的美国天文学家、宇宙学家和作品丰富的作家，他极力主张美国和苏联开展国际合作。他认为这是团结从前的竞争者并建立相互信任的一种方式，但双方都不愿意分享导弹技术，因为这种技术可以用来发送弹头。和平号空间站计划展示了合作的好处。

1994 年至 1998 年间，航天飞机共进行了 11 次前往俄罗斯和平号空间站的飞行任务。美国和俄罗斯的科学家们也开展实验来确定动物、植物和人类如何在太空中生存。随着美国航天飞机计划的终结，彼此的合作已经减少了。

祖布林认为，对于美国最好的选择可能是与俄罗斯、欧盟和中国合作，对第一个将人类送到火星并返回地球的私人组织给予奖励，比如 200 亿美元的奖金。这种方式可以充分降低太空旅行的成本。祖布林相信，官僚政治控制下的太空旅行是价格昂贵的，他认为私人组织往往更有效，因为它尝试新的东西不需要共识。你仅仅需要的是一个创新者和一个投资者。

据祖布林所说，私人组织控制下的完成这一任务的实际成本，缩减下来，将接近 40 亿～ 60 亿美元。在这种情况下 200 亿美元的奖金将是很好的激励。提供一系列的奖励可以把事情做好：比方说，成功完成火星轨道的影像任务奖励 5 亿美元。对利用来源于火星的推进剂将 4 吨的有效载荷从火星表面提升到它的轨道的第一套系统奖励 10 亿美元。如果某些组织有人能实现运送至少三名成员到达火星表面，并在那里停留 100 天，进行 3 次至少 31 英里（50 公里）的陆地旅行，最后将人员安全送返地球，对此的奖金为 200 亿美元。

J. 克雷格・文特尔通过他位于马里兰州和加利福尼亚州的基因合成公司和 J. 克雷格・文特尔研究所，试图开发一台 DNA 测序仪，这台仪器可以在火星表面着陆，寻找火星土壤中的生命并进行测序，然后把测序结果发送回地球。它的好处是在完成任务的同时不需要将仪器送回地球。乔纳森・罗斯伯格是位于康涅狄格州的离子激流公司的创始人，这是一家 DNA 测序公司，也在为开发这种技术而努力。

火星一号是一个荷兰非营利基金会，他们希望在火星上建立一个永久性的太空移民区。该公司认为，出售火星真人秀节目的转播权可能筹到足以在 2023 年真正开展一次火星任务的资金。该公司的电视节目将包括宇航员的挑选，旅行的准备，前往火星的飞行过程。在着陆后，该公司将开始在这颗红色星球的地表上不断地进行一系列播报。

火星一号计划将在 2016 年发送 2.75 吨的物资到火星上；在 2018 年发送一辆路虎汽车；在 2020 年，运送大约 6 个带起居舱的登陆器、物资和补给系统。首次去火星的 4 名宇航员将在 2023 年抵达。第二小组将于 2025 年加入他们。然而，值得注意的是，这次旅行将基本上是单向的：因为没有回程的飞行计划。你一生都将生活在火星上，遗体将在火星火化。该公司表示，火星社区将决定如何处理你的骨灰。

尽管如此，该公司表示，他们已收到超过 10 万份的申请，申请人都希望成为宇航员并渴望参加这次旅行。火星一号将为“任何能像古代探险家一样规划未来的人”提供申请参与火星一号任务的机会。

这里物资供应丰富，就是没有欢迎回家的聚会。

生物圈2号与火星生存

当我赶到位于亚利桑那州图森附近的高地沙漠的生物圈 2 号时，迎接我的是更多的问候。在圣卡塔利娜山脉的山脚下，原始沙漠草原中点缀着稀疏的豆科灌木以及设施附近的霸王树、仙人掌与树形仙人掌。约翰·亚当斯是负责设施管理的助理主任，他带我进入一个真实的迷你世界，里面包括一片热带森林、一片由 100 加仑海水组成的海洋、一小片稀树草原、一片雾漠以及红树林湿地。生物圈 2 号是一个大型的未来派的玻璃中庭建筑物，面积相当于 2.5 个足球场大小。该设施是一个开展实验模拟另一个星球上可能的生活状态的地方，尽管它现在的目的有些变化。

亚当斯说：“生物圈 2 号提供了一种途径，即在可控环境条件下研究气候变化对这些不同生态系统的影响。从本质上来讲，这里的科学家正在进行严格监测的实验室类型的实验，但实验规模非常大。”

生物圈 2 号作为一个与众不同的实验开始其自身的演变。它最初的目的是检验人类在一个封闭独立系统中生存的能力，这个系统与外部世界完全隔离，就好像一位探险家在火星上可能遇到的生存问题。在这些现代设施中，如今用来研究土壤形成的“景观演变区”以前是“农业系统”。生物圈 2 号最初的开发者，太空生物圈风险投资公司，曾希望设施中生长的食物能满足 1991 年首次进入该设施的 8 名先驱者的营养需求。

那支团队依赖设施中的不同生物群落和基础设施获取他们的食物和呼吸的空气，这被证实是令项目主管最头痛的问题。实验持续了两年。第一年对于团队中的美食家们来说是很艰苦的，队员们的体重比进来之前平均下降了 16%。于是，加州大学医学教授伊·沃尔福德改进出一种低热量、高营养的延寿食谱，他也是参加首次生物圈 2 号实验中的医生。因此，即使队员们在第一年的隔离实验中面临着“持续饥饿”，但沃尔福德却高兴地报告说，团队成员的胆固醇和血压都下降了。

这里的研究人员不仅要忍受饥饿，还需要调整适应二氧化碳水平剧烈波动变化的问题。尽管像蟑螂这样的害虫数量急剧增加，但大部分的传粉昆虫却消失了。热带雨林中到处长满了牵牛花，遮挡了其他植物。最糟糕的是设施中的氧气含量问题，刚开始氧气含量为 20%，16 个月后逐步下降至 14.5%。该项目开始抽吸氧气加入系统以弥补氧气的损失，这被新闻界发现后遭到了强烈抗议。

1994 年 6 月 1 日，在第二次任务失败后，根据当局要求，联邦执法官当场颁布了禁令，太空生物圈风险投资公司正式解散。如果生物圈 2 号是在火星上，居住者可能已经饿死或死于窒息。

生物圈 2 号就是一个例子，表明长期居住在远离地球数百万英里的行星上的空间站可能极其危险并充满科学可能对此还缺乏足够了解的风险。

从积极的一面来说，如果我们能克服这些危险，那么火星站也许会提供一个空间，使人类能在这里真正进行分化，成为一个新的物种。美国宇航局艾姆斯研究中心的行星科学家卡罗尔·斯托克曾设想在火星上建造一个封闭环境的永久性研究基地，作为地球之外下一个最合理的居住地。尽管如此，她也表示，由于火星重力只有地球重力的三分之一，在火星上长大的孩子将永远不具有适合在地球上生活的身体或骨骼结构。

斯托克说："这可能表示第二代火星人将不适合在地球上独立行走，至少在没有剧烈的负重和力量训练之前。试想一下，如果你的体重突然比现在的体重增加了三倍，你还能走路吗？你虚弱的心脏还能供应所需的血量吗？不论我们知道与否，我们都在不断地努力于克服重力的影响。"

欧洲航天局、美国航天生物医学研究所（位于得克萨斯州休斯敦）以及俄罗斯联邦航天局最近完成了一项持续520天的试验，实验中六个"火星人"被封闭在莫斯科附近的模拟太空飞船内。520天大约是往返飞行于地球与火星之间一次的时间，再加上30天左右的火星表面探索时间。在整个模拟试验中，船员们必须在没有阳光、清新空气或新鲜食物的环境中生活。

人们还需要解决重要的与人相关的问题。关于休息问题，因为太空飞船内没有其他外部线索（如日落）让宇航员知道什么时候睡觉。他们不得不依靠人工信号（像手表）或者让其他宇航员叫醒他们。由于没有了重力，人体很难辨别哪里是上，哪里是下。在太空中，身体失去了自然方向感，特别是手臂和腿。在地球上，视觉，听觉和触觉联合起来告诉你自己在哪里。你能感觉到你脚下的地板，你坐着的椅子。但失重状态夺走了那些感觉，并给大脑发送混乱的信号，进而导致头晕。

但最大的问题还是对身体器官的影响，尤其是对心血管系统的影响。在太空中，身体不再感觉到向下的重力，这些重力能把血液和体液分配到下肢。液体开始积聚在上半身，远离腿和脚。在太空中，宇航员实际上看起来长相都变了：上半身增加的额外液体使他们的脸膨胀。由于下半身的液体减少，他们的腿会萎缩最终变得像鸟腿般纤细。

由于在航天飞船内漂浮比在地球上走路或跑步需要花费的能量少，因此心脏需要做的工作更少了。骨骼失去了钙，使宇航员的体质更虚弱；移动不再需要克服重力的影响，导致肌肉萎缩。在航天飞机上的健身器材可以缓解其中一些影响，但并不能消除所有副作用。大多数俄罗斯宇航员在太空中度过数月后，都需要借助担架从飞船上下来。在他们返回地球的庆功会上，对于重新受到地球重力影响的宇航员来说，登上领奖台常常是极具挑战性的事情。

对于出生在地球并移居火星的人来说，星际旅行将是一个主要的进化力量，因为花费巨大，频繁来往于地球和火星之间将不太可能。生活在火星上可能会产生长期的生物学变化，使得他们根本不可能重返地球。在外太空，由于隔离自然的部分作用，朝着另一个物种进化的推动力可能产生，就像在地球上的进化一样。

重力不会是唯一的选择力。其他因素还包括呼吸压缩空气和对不同紫外线辐射强度的适应。人类需要吃饭，上洗手间，性生活，生育孩子，所有这些生命机能将会因重力、空气和辐射的变化而发生重大改变。

虽然没有回答在火星上生存的主要问题，但即使这样的变化也是人类进化上令人关注的一步。如果我们把地球搞得一团糟，我们大部分的人能逃去哪儿？

有这么多的事情可能出错，其中之一就是火星上的真人秀节目由于缺少观众而被取消，并导致企业出现现金短缺。还有其他“小的”事情，比如说生物圈 2 号的氧气发生了之前并未预料到的事情，生物圈 2 号的土壤富含有机物质，这些有机物质被微生物吸收，这个过程耗尽氧气并产生大量的二氧化碳。在生物圈 2 号中的植物本应该能够处理二氧化碳并且生产更多的氧气，但随后发现混凝土中的氢氧化钙正在耗尽二氧化碳，却并没有释放氧气。没有人会想到生物圈 2 号的混凝土可能会最终导致居住者窒息而亡。

在火星之后，我们太阳系中下一个可能存在生命的地方是木星的卫星。这个星球上有 4 颗大的卫星和至少 46 颗较小的卫星。例如，木卫一是绕木星轨道运行的最活跃的星体。木卫一的表面覆盖着不同形状、色彩艳丽的硫黄，炙热的硅酸盐岩浆引发火山的爆发。人们可以紧挨着木星一的火山取暖，但是安全很难得到保证。木卫二的表面主要是水冰。

冰层下可能是片汪洋或是部分融化的碎冰。这将为微生物创造出一个“宜居地带”，但它不会是你想要度假的地方，更不要说是你后半生生活的地方。

目前，科学家们正在我们的太阳系中寻找像地球一样适合我们居住的其他行星，他们已经发现了众多潜在的选择。但是在我们的太阳系中，离我们最近的恒星是半人马座阿尔法 B，它距离我们的太阳大约有 4.37 光年。1 光年大约是 6 万亿英里（9.6 万亿公里），这意味着半人马座阿尔法 B 距离我们的太阳大约有 26 万亿英里（41.5 万亿公里）。美国航空航天局的星球发现者开普勒航天器已经在遥远的恒星周围发现了类似地球的行星，只是它们与我们太阳的距离是离我们最近恒星距离的 275 倍甚至更远。

星际旅行可能会发生在遥远的未来的某一天，但也可能在此之前人类已耗尽地球的自然资源，使得地球不适合居住。现在，人类似乎对任一个目标都不感兴趣。存在什么样的机会使进化能够为世界提供另一个能够超越我们并改变人类历史进程的物种呢？

第十四章

人类进化已终止?

许多科学家相信人类的自然进化在大约 4 万 ~ 5 万年前的欧洲已经停止。那个时候人类开始摆脱自然，掌握自己的命运。人类的发明，如缝衣针，提供了暖和的衣物以抵抗寒冷而不是由自然选择提供更多的毛发。人类开始用符号进行思考，符号转变成文字，文字进一步扩展成为复杂的语言。语言提供了精心合作之门的钥匙。

这不仅仅是一群人之间通过鸣响和叫喊以达到捕杀一只动物的目的。语言在建立跨越遥远距离的交易、传递横跨一大段时光的经验、学习哪里有最好的食物和如何去获取这些食物等方面非常有用。

人类开始利用更复杂的成套工具：长矛、掷矛、弓和箭。人类变得更精瘦，他不需要硕大的肌肉和粗壮的骨头去近身搏杀猎物，他远距离便可杀死猎物。由于使用了这些新的武器，人类相应地拥有了更擅长投掷的手臂和更好的瞄准能力。梭镖投射器(投掷长矛的器具)和弓使现代人类不必拥有硕大的肌肉就能杀死大型动物。因此，人类能够跑得更快，涉足更广的区域，却不用吃得太多。

自从发明了渔网、鱼叉和钩子，人类开始捕鱼。捕鱼相对来说比较安全且耗费更少的体力。一个人现在可以吃肉、鱼和浆果，广泛的食谱使人类在当时的冰河时代中期占据优势。随着火和陶器被用于食物烹调，使得大的牙齿变得不太重要，人类的颌和牙齿开始弱化。文化创新开始影响进化。

然而，已故的哈佛古生物学史蒂芬·杰伊·古尔德研究了整个人类的历史却不能明确地给出一个文化是否影响进化的结论。古尔德认为5万年至10万年仅仅是进化发展过程中一眨眼的时间，如此短暂的时间无法看到进化上的显著变化。但盐湖城犹他州大学的两位人类学家格雷戈瑞·科克伦和亨利·哈本丁却认为过去的一万年时间确实增加了现代人类遗传上的改变。在他们所著的《一万年的爆发：文明如何加速人类进化》一书中，他们提出人类进化不仅没有停止，反而在加速。他们坚持认为进化正以百倍于我们物种长期存在以来的平均速度发生着。这是否会导致一个新的物种出现？

为了证明这个推测，哈本丁和科克伦分析了来自国际人类基因组单体形图计划的数据，这个计划试图描述人类基因组遗传变异的共同模式，旨在揭示复杂疾病的遗传根源。这个计划从世界上11个不同群体采集信息，揭示了人类基因组中影响基因表达的特定位点。

“我们能计算人类基因组的平均变化量，它已经快了100倍，”哈本丁说，“合情合理。人有100倍，基因突变的靶子就有100倍。”突变随着基因的进化而进化，也就是说基因的形态和行为与之前不一样。通常情况下，绝大多数突变被拖弃，但是有益的基因突变一旦出现，结果就是携带突变基因的人群会生育更多的孩子，更有利于与疾病做斗争，或者仅仅是更长寿。这样的突变提供了一个益处：突变个体表现更好且更有可能生存下来。当这样的优势出现后，突变被选择并传递给后代。由于大自然定期地进行基因重组，哈本丁和科克伦在人类基因组中未基因重组的区域里寻找这些预示着近期的选择的有益基因。

这些有益的基因突变以不同方式帮助人类。住在较高海拔地区的人不得不适应空气中稀薄的氧气。为了达到这一目的，安第斯人进化出圆桶状的胸腔且血液携带更多的氧，而藏族人进化出更快的呼吸频率以吸入更多的氧。北京基因组研究所的科学家们最近发现了有助于藏族人适应低氧水平的一组基因。这些“新”的基因存在仅3000年。

哈本丁和科克伦也发现7%的人类基因是在最近5000年前开始进化的。而且许多进化可能是发生在最近5000年里。达尔文在他所著的《物种起源》一书中选择驯养动物作为例子。狗在外形和大小上差异巨大。例如，一只吉娃娃平均有7磅重（3.2公斤），而一只大丹犬有115磅重（53公斤），但它们都来自同一祖先。它们看起来都不像狼，但绝大部分品种的狗都来源于近两万年前的狼。

人类也一样在改变。随着我们的饮食和对疾病的适应在快速进化，在过去的一万年里人类的骨骼和牙齿已经发生了许多遗传上的改变。我们变得更高了，我们的平均寿命也更长了。社会的变化已导致进化上的适应。哈本丁说我们彼此长得越来越不像了，以至于我们无法并入单一的人类主流类型。我们不同于1000或2000年前的人类。这可以部分解释北欧海盗与他们爱好和平的瑞典后代之间的差异。

哈本丁的合著者科克伦说：“历史更像一本科幻小说，突变体一再出现并取代常人，有时不知不觉，由于更适应饥饿而生存下来；有时又像一个打了胜仗的部落。我们就是那些生存下来的突变体。”

当智人迁入欧亚大陆时，进化引起皮肤颜色和对寒冷适应的改变。其中一些最大的变化伴随着农业的出现而发生。更大的人口数量以及更密集的生活环境促使了致命性传染病的发生，如霍乱、伤寒、黄热病、疟疾、天花。但随着时间推移，也进化产生了一些遗传抗性来抵御那些疾病。

尼安德特人，一种起源于欧洲的原始人，对气候已形成适应，这是其他在非洲的智人所没有的。正如我们已经讨论过的，对疟疾之类疾病的抗性在中部非洲人中远比在北欧人中普遍。肤色是另一个适应环境的重要特征。猴子和其他灵长类动物的毛皮下面是苍白的皮肤，但人类却失去了自己的毛皮，也许是为了更自由地流汗，他们进化出更黑的皮肤来保护自己免受强烈光线的影响。当人类第一次往北冒险时，变化过程却相反，在那里他的皮肤变得更白，也许是为了更好地合成维生素D。

普林斯顿大学的彼得·格兰特在加拉帕戈斯群岛开展研究工作，他喜欢在他的学生面前讲述关于进化的持久性，且声称进化总是在发生着的。这一代的基因与上一代的不同，也将与下一代的不同。他声称这是确定无疑的。基因是一直变化着的，你并不会留意到它。你周围的树林看起来一样，树上的鸟儿和松鼠可能看上去每年都相似。“但实际上不是，它们已经发生了改变。但你却看不见，差异太微妙了。”格兰特在采访《雀类的喙：一个我们时代里的进化故事》的作者乔纳森·韦纳时如是说。

进化上的变化正在基因层面上进行着，有时候它们是可遗传且显而易见的，比如，你和你的祖父母之间身高和寿命的差异。但大部分的时候却不是这样。

人类基因组中最具有意义的基因突变之一是乳糖耐受性。它使人类在婴儿期之后能够消化牛奶。这引发了历史上最大规模的人口扩张，即印欧语系的人口扩张。

基因突变

“印欧”一词指的是使用相关语言的家庭，这些家庭遍布于亚欧大陆西部、美洲和澳大利亚。它包括西班牙语、英语、印地语、葡萄牙语、俄语、德语、马拉地语、法语和众多其他的语言和方言。如今，有超过30亿人口使用这些语言，接近地球人口的一半。

关于一个单一语种大家族的观点首先起源于英国人和印度人之间的相似性。印度的首席法官威廉·琼斯先生在他1786年的演讲中提到了这些相似性，且有学者们开始通过语言学和考古学追溯这段历史。最初的或原始印欧人饲养牛、绵羊和山羊。他们是战士，年轻人通过具有挑战性的成人礼而成为情同手足的兄弟。

大约在5000年前，这些原始印欧人可能出现在现代的土耳其或更北的草原上。他们饲养家畜，种植粮食，但更多地依赖畜牧业而不是农业。一般认为马匹驯养推动了军事行动，而且由于基因突变使他们具有乳糖耐受性，这些被认为是他们扩大领土的方式。

印欧人最初用牛拉犁和车，也用牛给人类提供肉类和皮革。但随着乳糖耐受性的扩散，更多的人开始饲养牛以获取牛奶而不是肉类。这是一个重要的优势，因为乳牛业比牛屠宰业更有效率，每英亩土地的乳制品能提供约 5 倍的卡路里。

在这片不太适合种植粮食的区域里，原始印欧人可能最具竞争力。因为全年饲养乳牛比种植粮食更容易。作为奶牛场主，他们比粮农更具流动性，因为粮农需要守护家园和村庄。尽管如此，奶牛场主必须保护他们的牛，因为牛会随处走动且更容易被偷。早期的原始印欧人一定花了很多时间去互相各自偷牛，和报复之前的袭击。乳糖耐受性产生更健康更强壮的人群，虽然他们不得不为保持高水准的生活而斗争。

乳糖耐受性也独立出现在阿拉伯半岛上，这里的人依赖骆驼的驯化而不是牛。东非的牧牛人也获得了乳糖耐受性。对于各种各样的人来说，牛奶食品的增加产生一种强大的进化驱动力。这在包括马赛人在内的许多非洲人群中表现得非常明显。

在一个夏日，马赛部落成员和奥杜威脊椎动物古生物学项目成员之一的米里亚姆·欧里茉塔带我离开加州大学伯克利分校野外研究站，前往她位于坦桑尼亚奥杜威峡谷草原上的村庄。这次访问使我得以近距离见证这一现象。当时是六月底，干燥季节刚开始，我们在干涸河床上的浅井旁遇到一个中年妇女，她用杯子舀水，一杯一杯地舀进五加仑的桶中，其他的妇女和她们嘻哈玩笑的孩子在后面拿着水桶排队，等着中年妇女给她们的水桶装满水。

马赛人是主要靠牛奶生活的游牧民族。他们具有乳糖耐受性，这在非洲人中相当罕见。但他们在特别的场合也吃肉干，偶尔把血混在他们的牛奶里。很明显，这是一种健康的饮食方式，因为研究站里的大多数马赛人又高又瘦但动作敏捷。参与领导这个项目的莱斯利·哈斯克雇用马赛男人帮她寻找化石，并发现他们身强力壮且很能干。

长满锋锐棘刺的枝条相互绞缠，它们和从附近的灌木丛中砍下的钉刺结成一道植生墙，包围着这个村庄。一个女人提起并移开一排荆棘，就像打开一扇门让我们进入村庄。在围墙的里面，我们遇到第二堵墙，米里亚姆告诉我们这是为了防范狮子、豹子和猎豹的，如果这些捕食者冲过第一道围墙，村民就有时间做出反应。

穿过第二道围墙，我们碰到一群山羊，牧羊的是几个男孩，他们聚集在一起看守山羊，其中的两个男孩给山羊挤奶。米里亚姆告诉我，许多的放牧活动被分为三个组，年幼的男孩看守山羊，十几岁的男孩看守绵羊，成年的男子看守牛群。

牛群已经从村里移到村外长年有水的高地上。米里亚姆告诉我，包括她丈夫在内的成年男人，和牛群一起住在高地上。她带着我穿过另一道围墙来到村子的中心，在那里一群男孩和几个妇女看守着新生的山羊和绵羊。村民们架起三道围墙来保护这些动物，因为狮子、豹子和猎豹把小羊羔当作美味的食物。

追溯到 20 世纪 40 年代，马赛人被迫离开自己的家园，这些地方成为许多野生动物公园——包括塞伦盖蒂国家公园。他们的文化总是与国家公园的规定相冲突，特别是自 20 世纪 80 年代以来，这些公园的旅游业成为肯尼亚和坦桑尼亚政府的主要收入来源。但在传统上，年轻的马赛男子应该杀死一只狮子后才会被部落所接纳。为此，村民们包围了当地的森林，把狮子驱赶到马赛人开辟的道路上，年轻的马赛男子必须用长矛杀死狮子来证明他的男子气概。一些马赛成员会告诉你这一成年礼不再是惯例，但其他人，包括米里亚姆说它仍然是马赛人的习俗。

这个村庄是由一组用弯折的树枝做成的圆顶形小屋组成的。一个妇女跪在屋顶上，将牛粪糊在屋梁上。我跟着米里亚姆走进一间小屋，迎面而来的是一片漆黑。屋内正中缓缓燃着一小堆火，米里亚姆领着我坐到火堆周围的板凳上。火堆上冒出的烟赶走蚊子和其他虫子。当我的眼睛逐渐适应黑暗的环境时，我能看到火堆周围有小的凹室，那里聚集着一群群孩子和成人。凹室内，是马赛人用紧紧拉伸的牛皮一层一层捆扎起来做成的床。屋里的马赛人和野外研究站的马赛人一样友好，甚至允许我给他们拍照。

虽然马赛人和原始印欧人并没有直接的关联，但他们发展到今天也是因为具有一些与原始欧洲人相同的遗传适应，这些适应使原始欧洲人控制了世界的许多地区。马赛人可能没有获得同样多的物质财富，但乳糖耐受性却赋予了他们一种生活方式，使得他们的部落成为这个地区最强大、最高贵的部落。

科学家们相信，东非智人曾经被推到灭绝的边缘。大约7.5万年前，印度尼西亚的苏门答腊岛曾经发生一次火山爆发。火山爆发形成了世界上最大的火山湖，多巴湖，但也将3,000立方千米的岩石送入空中并随着巨大的气流蔓延至整个非洲和亚洲，将一切吞噬在尘土、灰烬和岩石中。巨型浮石筏填满了印度洋，有的甚至漂流到南极洲。灰尘遮住了太阳，导致光合作用停止，进而杀死植物和以那种植物为食的生物。猎豹、黑猩猩、老虎、黄猩猩连同本地居民一起被推到了灭绝的边缘。

因为这次灾难，智人的数量可能缩减至几千人，等同于一所城镇高中的人数。这群人与现代人类间巨大的相似性就是遗传瓶颈的证据。我们几乎无法从基因上区分彼此。我们肠道内的外来细菌比我们自身组织中的细胞更容易变异。多巴湖的火山爆发是造成了生物多样性缺乏的部分原因。

火山爆发的时间差不多与人类伟大的文化进步的时间相同，这个时期我们开始交谈，在洞穴的岩壁上绘画，制作珠宝和征服世界。著名的进化生物学家和作家理查德·道金斯在所著的《祖先的故事：生命起源的朝圣之旅》一书中提到，瓶颈为罕见基因——尼安德特人的DNA或其他突变——通过我们的物种传播创造了条件。《1491：前哥伦布时代美洲的新启示录》一书的作者查尔斯·曼是这样描述那个时期的：智人1.0升级到智人2.0。

但瓶颈限制了基因的多样性，使得整个物种更容易受到单一灾难的影响，不论是流行病还是气候的突然变化。换句话说，我们的遗传学能够预示我们的灭绝。根据 2012 年发表在《自然通讯》杂志上的研究结果，大型草食性恐龙数量在白垩纪最后的 1200 万年里呈下降趋势，而中等体形的草食性恐龙和肉食性恐龙保持原有的数量。在恐龙的鼎盛时期，突然发生的火山爆发或小行星撞击地球是否会导致恐龙的灭绝呢？论文的第一作者，爱丁堡大学地球科学学院的校长助理斯蒂芬·布鲁塞特说，我们发现恐龙灭绝的原因可能要复杂得多，也许与经常提到的突发灾难无关。6500 万年前导致恐龙灭绝的白垩纪灭绝事件，其情景可能不是一些科学家所认为的“恐怖周末”。恐龙的灭绝可能起因于一个持续时间更长的过程，在这个过程中恐龙更易受到小行星撞击以及当时正在发生的印度中西部德干高原的火山活动的影响，而德干高原是地球上最大的火山地貌。

奥拉祖公司的科学主任弗兰克赫德说：“消除那么多的其他物种的动物，总体上降低了生命的多样性，可能给智人提供了便利，但最终它可能降低我们自己的生存前景。”

不祥的预兆

气候变化出现在气象学家的雷达屏幕上已经有几十年了。几年前，它还是科学界和大众媒体的头版新闻。现在，如果你参加任何科学会议，明显有听之任之的感觉：它已经在发生，我们不得不去适应它。人们似乎不情愿做出必要的改变来阻止它。

目前我们处于间冰期，气候一直保持相对稳定。问题在于我们已经对事态有所预期。我们目前的间冰期仅仅是一系列冰川周期中最近的间冰期，使地球冷热交替的冰川周期迄今已超过 250 万年了。

人们设计了一个计算机模型来确定气候面对日益增加的温室气体将如何发生改变。基于计算机模型的证据，IPCC（联合国政府间气候变化专门委员会)预测，到2100年全球平均气温将从3.2华氏度至7.1华氏度(1.8摄氏度至4摄氏度)。这是一系列估计值中的“最佳估计值”，而估计值范围高达11.5华氏度(6.4摄氏度)。这些预测部分基于从格陵兰和南极冰盖核心以及海底收集的数据。其中一些冰芯甚至包含着可测量的古代空气样本。为了了解这些预测是多么重要，你必须考虑到目前的间冰期温度和最后的冰期温度大约只相差10.1华氏度(5.6摄氏度)。

从格陵兰和南极所获得的高度融解的冰芯提示出最后的冰河时期发生的20次气候突变。换句话说，气候突变是气候图景的一部分。现在我们被宠坏了，因为一切都如此稳定，但是气候可能突然发生巨大的转变并保持一段很长的时间。

新仙女木事件是最著名的气候突变的例子之一。大约14500年前，地球气候开始从寒冷的冰河时代转变成温暖的间冰期。然而，当这个转变过程进行到一半时，北半球的温度突然反转，恢复到接近冰川时期的情况。新仙女木事件就是以仙女木的花来命名的，它是一种在欧洲很普遍的适应寒冷气候的植物。大约11500年前，新仙女木事件结束得特别突然。在格陵兰，十年内温度上升了18华氏度(10摄氏度)。

人类大约已经存在了20万年，经历了两个冰川周期，因此我们可能比自己认为的具有更大的弹性。但地球的地形已经被人类改变太多以至于地球上无法给自然提供足够的空间来适应。曾经为了应对气候的变化而北迁或向上迁移的物种会发现公路、停车场、城市、超级建筑挡住了迁移的路线。我们已经把大部分的植物和动物严格控制在公园里，所以当天气变得太热时，它们无法离开，向北迁移。

在最后一个间冰期，埃母间冰期，世界变得更热。海平面高度达到间冰期的峰值，上升了6 ~ 10英尺(1.8 ~ 3米)，且持续了几千年。海水覆盖了北欧的许多地区，使瑞典和挪威变成了一座岛屿。海水也覆盖了西伯利亚平原的西部地区。尼罗河河水泛滥，覆盖了地中海水域，切断了海底氧气的供应，产生了厚厚的有机淤泥层。如今，这些淤泥被记录在取自埃及沿海的沉积岩心。森林覆盖了撒哈拉沙漠，并向北扩展它们的范围，扩展的范围比如今要远得多。

在气候变暖的高峰期，河马在离今天的伦敦市区不远的泰晤士河里畅游，打着响鼻。犀牛跑着穿过英国的灌木丛，水牛低下头在莱茵河边喝水。

这种温暖型气候的回归存在于永冻冻土的土壤中，这些冻土分布在北极的许多地区，储存着大量的有机碳，这些有机碳含量是所有化石燃料燃烧和过去 160 年里人类活动碳排放量的 4 ～ 5 倍。这些永久冻土的温度上升了 4.5 华氏度（2.5 摄氏度）。如果气候变化导致北极地区变得更暖、更干燥，大部分的碳将会以 CO_2 的形式释放出来。如果北极地区变得更暖、更湿润，大部分的碳将以甲烷的形式释放出来。这两种情况都不乐观。

以碳为例：大量碳的释放已经出现在整个阿拉斯加内陆和阿拉斯加北坡。然后还有甲烷：2012 年科学家们测量了阿拉斯加州因诺科荒原沼泽上的甲烷释放，发现其释放量类似于一个大城市的释放量。

北极将成为首当其冲的地区之一。北极的冰层停留在海上，仅有 6 ～ 9 英尺（1.8 ～ 3 米）厚，不像覆盖在南极大陆上的冰层，平均厚度达到 2,125 米。据科学家所说，在最近的 30 年，北极夏季海上浮冰的厚度和面积已经急剧下降。

在北极，夏季很快将没有冰了，但这是一件坏事情吗？毕竟，一个无冰的北极对于许多国家来说是一个具有潜在价值的资源。对于一些阿拉斯加人、加拿大人、斯堪的纳维亚人和俄罗斯人来说，夏季开阔的水域和冬天的薄冰可能是一种幸运，但对于野生动物来说却不是。《未来深处：地球生命的下一个十万年》的作者柯特·史塔格声称，从欧洲到太平洋的北极通道将使船只节省穿越巴拿马运河的成本。从鹿特丹到西雅图的北极通道将缩短 2,000 海里。一条相似的绕开苏伊士运河的路线将使鹿特丹到横滨的旅程减少 4,700 海里，这有益于国际贸易。

根据一些人估计，世界上十分之一至三分之一未开采的石油储量位于北极的浅滩大陆架之下。大量的天然气和煤炭储藏于阿拉斯加北坡的地下。获取这些石化宝藏可能是开发公海的经济动力，同时石化废气可能使它们发展得更快。北极夏季的海上浮冰量在2007年达到最低纪录，到2030年海上浮冰将完全融化。

但是浮冰的减少导致海平面的上升。在20世纪里，海平面一直在逐步上升。部分原因是受温度上升的影响导致海水发生热膨胀，但另一部分原因则是由于冰川和冰盖的融化。高山冰川正在快速融化，正如格陵兰和南极洲的边界所发生的情况。格陵兰实际上比海平面高出10,500英尺(3,200米)，这意味着高海拔在维持着它的冰川。但是当冰川的边缘和底部开始融化时，山峰可能降低到较温暖的空气中。这是科学家们正在调查的，可能会加速未来变化的反馈之一。

格陵兰冰川的丧失能够把全世界的海平面升高约20英尺(6米)。现在格陵兰岛内陆的冰川正在增长，而边缘的冰川正在融化。同样，东南极的冰川正在增长，而南极半岛西部的冰正在缩减。海洋变暖导致冰川的缩减，而水分被吹到陆地上结成冰导致冰川的增长。上升的温度将使冰川增长停止，融化加速。

这些如何影响到现代人类呢？看起来我们许多的大城市可能成为海平面上升的受害者。伦敦位于一条低洼的河流上，正处于一个强潮河口的上游。正如一些人所预测的，如果风暴和洪水伴随着海平面的上升，21世纪内，建立在伦敦市中心下游的泰晤士河防洪闸(世界上第二大的可移动防洪闸)将和新奥尔良的屏障一样遭受同样的悲剧，这些屏障是在卡特林娜飓风到来之前为保护新奥尔良而建立的。

阿姆斯特丹甚至会在伦敦之前消失，因为它的海拔更低。威尼斯和新奥尔良也可能不得不迁移到更高的地方。已经有许多人定居的孟加拉国大部分地区、佛罗里达南部地区和东南亚的沿海平原也将会淹没在水下。简·札拉希维茨是英国莱斯特大学的一名地质学家和《我们灭绝后的地球：人类将在岩石中留下什么遗产》的作者，他说道，当海平面上升20米后，这些都有可能发生，而这只是地质历史上的小改变。

然而科特·斯戴杰认为我们不需要20米就会造成实际的破坏。海平面仅上升 3 英尺（1 米）后，佛罗里达礁岛群、沼泽地国家公园和密西西比河三角洲，连同新奥尔良就将一起沉没。旧金山湾、中国东部大部分地区和越南的南端也将淹没在水下。还有荷兰内陆、丹麦的西南边缘和尼罗河宽阔的三角洲、尼日尔河、奥里诺科河和亚马孙河都将遭遇同样的命运。

气候变化将增加纽约州北部阿迪朗克山脉的降雨，这将增加河流下游的流量。

纽约港将和环绕曼哈顿岛边缘的海洋一起上升，而来自上游的毁灭性洪水可能推进哈得逊河的河水上涨漫过堤坝。纽约天然的清洁饮用水将成为历史。

大多数科学家相信，我们正在遭遇一种气候，这种气候将在未来几个世纪上升到过去上千万年都没有见到过的高温。如果真是这样，这种高温将持续 1000 年。回顾京都议定书（1997 年 12 月在日本京都签署的关于工业化国家减少 5.2% 的温室气体排放量的国际协议）签订的日子，那时我们可能有希望解决这个问题，但如今前景黯淡。

但同样存在另一种若隐若现的力量。我们是否已经忘记了冰河时代？过去 50 万年最主要的气候影响实际上是 10 万年冰川周期紧接着 1 万年温暖周期。在地球历史的各个时期，地球从南极到北极都是结冰的。甚至海洋也结冰了。这样的情况在 25 亿年发生过一次，在 7 亿年至 8 亿年间又发生了一次。严峻的冰河时代出现在 4 亿年、3 亿年和 2 亿年前。具有讽刺意味的是，这种现象可能再次发生，科罗拉多大学博尔德分校的北极和高山研究所的吉福德 · H. 米勒认为，全球变暖可能将下一个冰河时代推迟数千年。

所以我们仍然可以在全球变暖的形势下欢乐起舞，但几千年后，我们将会再次面临冰河时代。这一个冰河时期将彻底减少植物和动物的数量。我们将不得不做更多的事情，却只能获得更少的回报。人口过多将会变得致命。能给我们依靠的是不再和以前一样肥沃的农田。但正如以前，我们将被采集 – 狩猎者的心态困扰，它已经被证明对这个世界是如此致命：迁移到一个新的地区，利用那里的一切，再继续前进。不用担心未来。

事情总会解决的。虽然可能不是我们所赞同的方式。有一天，我拜访了罗伯·杰克逊，在他位于斯坦福大学的新办公室里，我们探讨了关于安东尼·巴诺斯基早先的预测：我们将会在未来 3 个世纪里进入一个大灭绝事件。杰克逊明确表示他不认同马诺斯基的言论，正当我松一口气时，接下来他的言论更令我震惊，他认为气候变化、外来物种入侵和海洋酸化交织在一起，将导致严重的灾难，比巴诺斯基预测的更为紧迫。杰克逊说："所有这些事情可能在 50 ～ 100 年的时间尺度上一起出现从而完全改变地表。"而且当我们意识到它正在发生时，结果的到来或许快到我们来不及阻止。

我觉得这是不祥的预兆，但另一个物种能使结果更好吗？

第十五章

超越智人

TEDx 是 TED（科技、娱乐和设计的缩写）的国际部，它是一个总部设在纽约的非营利的组织，常常通过会议以简短有力的演讲来传播创新变革的理念。哈佛商学院的生命科学项目的创建主任胡安·恩里克斯在 2012 年 4 月卡塔尔多哈举办 TEDx 年度大会上提出一个问题。恩里克斯的问题是最能吸引观众的问题之一，他谈及生命的历史，从宇宙大爆炸到恒星的诞生，到银河系的周长，到太阳、地球和人类扮演的角色，追溯了跨越 140 亿年的历史，涉及万亿颗恒星，然后他问了观众一个问题：所有这一切的目的是什么？他翻到下一张幻灯片来揭示答案：先是帕梅拉·安德森的照片，然后是迈克尔·杰克逊的相片——人就是至高目的，是所有生命的全部和终结。他声称，在此之后进化将走向终结。

他的下一个问题是："这是否显得有些自大呢？地球上曾经出现过大约 25 个人种，为什么是智人，而不能是另一个物种呢？"

真的，为什么不是呢，特别是假如我们正进入一次大规模的灭绝？许多科学家相信自然选择主要对变化的前沿起作用。

7.6 万年前，一个人类坐在一个非洲悬崖上的石灰岩洞中，俯瞰印度洋，在海风中冷静下来，坐在小火堆旁取暖。他拿起一块锋利的石头，在一块红褐色石头上刻出了一组交叉阴影线，科学家将其称为已知最古老的由人类制作的复杂图案的例子。它证明了人类能够利用符号进行交流的能力，科学家们相信这种能力把智人从当时地球上其他人种中分离出来。

在“大迁徙”中，当智人离开非洲进入其他人种的领地时，用石头和武器做出的这些用于交流的符号使得他们具有竞争优势。8.6万年前，智人第一次迁移到亚洲。直到4.5万年前，他们已经定居在澳大利亚、巴布亚新几内亚和印度尼西亚。

请记住，当时地球上可能有四个不同的人种：智人、弗洛瑞斯人、尼安德特人和丹尼索瓦人，最后一种可能的新的人种，是通过对西伯利亚的阿尔泰山脉丹尼索瓦洞穴中发现的一个手指骨片段描述出来的。但只有智人取得了最终的胜利，成为真正直立的人类。

哈本丁和柯克兰认为，在过去的五万年时间里，遥远的距离和地理障碍隔离导致了人类种群间已经产生了明显的进化。他们在所著的《一万年的爆发》一书中写道：“没有一个芬兰人会被误认为祖鲁人，没有一个祖鲁人会被误认为芬兰人。自从人类从非洲扩散出来，人类的基因组成发生了巨大的变化，那些变化已经在不同的种群中呈现出显著的特点。”

罗伯特·福格尔是芝加哥大学的一名经济学家，他在研究美国奴隶制的影响时，发现在过去的几个世纪里，特别是在最近的50年里，美国人通常长得更高、更粗壮和寿命更长。1850年，美国男性的平均身高为5英尺7英寸(1.74米)，平均体重为146磅(66公斤)。到1980年，美国男性的平均身高为5英尺10英寸(1.83米)，平均体重为174磅(79公斤)。一个由经济学家组成的团体把统计学研究扩展至全世界，发现全球都是这样的发展趋势。

它证明医学的进步、更好的营养、更好的工作条件、更清洁的水、污染的普遍降低使人类获得生物上的优势。当你细思寿命时，会发现它是最具有戏剧性的。当智人大约在20万年前首先出现在非洲时，平均预期寿命为20岁。到1900年增长至44岁。如今，平均预期寿命接近80岁，仅在 100 年间几乎增长了一倍。这些都是可遗传的趋势，通过父母遗传给孩子，并得益于医学和健康的改善。

所以后面还会存在另一个物种吗？

正如我们已阐述的，自然界更倾向于任何动物都有多个种。我们人类只有一个种是有一点儿反常。多人种在历史上一直是常态，而不像我们今天只有一个种。自然界的趋向是生物多样性。既然对任何动物来说，维持单一物种并非强大的可保持的状态，那么其他物种是怎样进化来的呢？

这里有两种主要的物种形成方式：异域性物种形成和同域性物种形成。还有另外两种变体的形式，即边缘性物种形成和邻域性物种形成，它们位于前两种主要方式之间。异域性物种形成产生于地理上的隔离；然而同域性物种形成发生在其他物种同时存在的情况下，比如一个湖泊，那里的鱼可能相互隔离在不同的水层——有些在顶层，有些在底层，随着时间的推移而成为不同的物种。特化取食不同类型的食物也会导致物种的形成，正如彼得·格兰特研究的加拉帕戈斯群岛上的雀类一样。虽然格兰特还有待记录一种可验证的物种形成，但他通过研究多种雀类不同大小的喙如何适应不同大小的种子，以及选择压力如何导致另一个物种的形成，为了解物种形成提供了线索。

20 世纪 40 年代时，罗伯特·C. 斯特宾斯在加州大学伯克利分校研究了一个小型蝾螈种群。他提出，埃氏剑螈（*Ensatina*）起源于俄勒冈州，向南扩展至加利福尼亚中央山谷两侧的高山上，山谷底对于蝾螈来说过于燥热。当先锋种群向南移动时，它们演变成了几个亚种。每个亚种都有新的颜型，且适应生活在不同环境。但当它们在中央山谷的最南端再次碰面时，它们已经演变出很多差异，以至于不再能够进行杂交——即使它们在峡谷边缘的高山上彼此融入且能进行杂交。这种最低程度的隔离也能导致物种的分化。

我们是否夸大了地理隔离作为下一个物种形成的起点的作用呢？

我们是否能采用同域性物种形成的方式呢，即在其他物种存在的情况下分化成两个物种?在人类种群中,什么样的进化压力可以产生另一个现代人种?柯克兰和哈本丁已经着眼于文化隔离如何改变我们一些祖先的基因编码。这两位科学家推测,在中世纪时,欧洲犹太人在遗传上形成了隔离,它不是因为海洋和山脉的阻隔,而是因为犹太人禁止异种通婚的规则,外界对犹太主义的偏见进一步强化了这个规则。在中世纪的大部时间里,与非犹太人通婚和皈依犹太教是非常罕见的。

造成文化差异的主要特征是智慧,就像大个的是萨摩亚人,高个的是图西族,乳糖耐受的是斯堪的纳维亚人。这可能与几种不同的鞘脂类的突变有关。这些突变是一种特殊类型的基因异常现象,产生一种能在神经组织内增强信号转换的脂质或脂肪分子。这增加了作为神经元的连接,而神经元是中枢神经系统的基础。

在中世纪时,德系犹太人和东欧的犹太人专门从事金融业、房地产管理和经商,这些职业需要分析思维与对文化的理解,因为他们经常充当基督教徒和穆斯林之间的中介人。这些影响是高度遗传的,每一代都变得比之前的更适应,更具有分析能力。

哈本丁和柯克兰声称,这使得欧洲的犹太人在所有已知的种族群体中拥有最高的智商。他们的智商平均为 112 ~ 115 左右,而其他欧洲人的平均智商为 100 左右。但由于他们的基因缺少多样性,他们患上一组遗传疾病的概率经常比其他欧洲人高出 100 倍。这些疾病包括家族黑蒙性白痴病、戈谢病、家族自主神经功能障碍和几种类型的遗传性乳腺癌。

与疟疾的抗性一样,有利有弊。欧洲犹太人容易患上一些严重的身体上的疾病,但他们明显更聪明。与犹太人在美国和欧洲人口中所占的比例相比,他们的杰出科学家数量要高出 10 倍。在过去的二代人中,他们获得了超过四分之一的诺贝尔科学奖,虽然他们占世界人口不到六百分之一。在多变的文化环境中,文化隔离并从事困难的白领职业似乎是对科学与数学职业能力的极好训练。

同域进化是否能通过另一种方式来实现呢?哈佛大学的恩里克斯说,隔离可以通过他所称为的“性感的极客综合征”来实现。如果计算机程序员被隔离，并相互交配，这种情况可能会出现。这样的场景已经存在于加利福尼亚州山景城谷歌的总部。谷歌总部的昵称是 Googleplex，它就像一个大学校园，到处是穿着牛仔裤的员工在狗、自行车和排球场间闲逛。谷歌派出特别豪华的巴士来接送员工，阻止了员工与非谷歌公司的人一起坐车上班。

谷歌总部大楼有高高的天花板，大量的自然光，办公室里配有开放的小隔间。大楼里有许多自助餐厅，员工可以坐在餐桌旁，讨论算法，听摇滚音乐，享用免费的美食。你甚至可以带着狗去工作。谷歌的员工待遇令人嫉妒，公司给他们提供高额报酬，提供他们所需的工作环境，允许员工可以每周用一天来从事他们自己的项目，给每一个人提供机会成为下一个拉里・佩奇和谢尔盖・布林，他们是谷歌的创始人。你怎么舍得放下这一切?

这样的隔离是否足以在将来的某一天实现物种形成呢？也许吧，特别是因为许多计算机的职业需要一天 12 小时工作，这本身就限制了员工寻找伴侣的时间。

我们已经证实我们能够改变植物和动物的基因组成，那是否可以改变我们自己的呢？我们不需要等到自然选择来改变：我们现在就可以开始选择。基因组测序的成本已经大大降低，而这项技术是将现代医学从标准化的应对移至个性化的预防的关键。1990 年，当人类基因组计划对外宣布时，破译一个人的基因组的预算为 30 亿美元。到 2001 年，成本下降至 300 万美元。2010 年降至 5,000 美元以下，到 2012 年，降至 1,000 美元以下。照这样下去，10 年内人类基因组全序列测定将只需 10 美元。

随着基因筛查变得越来越普遍，设计身体来改变遗传缺陷也将变得越来越普遍。安吉丽娜・朱莉进行了双侧乳腺切除手术，因为她体内存在一个使她更容易患上乳腺癌的基因，而这仅仅是一个开端。将来有一天也许能改变基因而不是改变基因表达的结果。消极的一面是许多基因执行着多个功能。改变一个基因来匹配一个指定的结果可能会导致意外的后果。这里必须进行反复试验。

基因操作背后的巨大力量将会是什么？华盛顿大学的彼特·沃德将父母视作强大的选择力量，因为许多人都希望他们的后代长寿、好看和聪明。沃德在2009年5月《科学美国人》杂志上发表的一篇文章中写道，“如果孩子既聪明又长寿——150的智商和150年的寿命——他们能够比其余的人有更多的孩子，积累更多的财富”。在社交方面，他们将会被其他同类型的人所吸引，这可能导致了物种形成。

只要能满足孩子聪明、有合适的身高和合适的体重，基因设计师就能根据父母的期望，给孩子们进行创造性的设计。这样的需求不仅对于基因设计师，而且对于设计师的孩子都可能是一种重要力量。斯坦福大学的罗伯·杰克逊推测，“如果女人可以从杂志背面预订布拉德·皮特的精子，那将会怎么样？更胜一筹的是，如果她们可以从一个产品目录中选择威尔·史密斯的笑容和乔治·克鲁尼的眼睛混搭时，那将会怎么样？它将从根本上改变人类”。

如果我们可以改变男性基因使得其成为一个完美的战士，那将会怎样呢？据亨利·哈本丁所说，“中国人经常坦然自若地谈论这样的事情”。完美的战士……完美的核物理学家怎么样？

我们每一个细胞都包含着我们全部的基因组。你的每一个细胞都有制造一个完整的你所需要的基因蓝图。2009年，中国科学家们从老鼠身上提取皮肤细胞，并将其转变成干细胞。然后他们提取那些干细胞并让它们再生、分化，诞生出一只活的可正常繁殖的老鼠。

这只老鼠，取名“小小”，是由它母亲的皮肤细胞发育而来的。在理论上，这意味着提取我们任何一个细胞都将有可能进行无性繁殖。记得那只克隆羊多利吗？虽然社会对重复克隆不完全认同，但离自命不凡的人想要克隆多个自己的日子还有多久呢？用皮肤细胞克隆自己，随意改变自己的器官，这些能力可能导致人类的爆发。

上传思想

还有其他形式的克隆复制，其中一种就是上传你的大脑。爱德·博伊登是麻省理工学院的一名综合神经生物学家，他目前正在尝试绘制人类大脑的映射图。我们的大脑里拥有超过 1,000 亿计算元件。所以爱德自己设计了一种方式来隔离大脑回路。他学会了如何从藻类中提取物质并用它来照亮和激活特定的大脑路径。然后当一只老鼠移动一只前肢、去看、触摸或者闻一些东西，他就可以利用光线来观察大脑里所发生的事情。

为了了解简单神经映射图以外的更多信息，我跳上一列快速列车，从伦敦帕丁顿到牛津站，然后乘坐出租车绕着牛津校园穿过我在观看《英国之谜》所认识的庄严的古老建筑物，最后到达位于牛津大学校园边缘的人类未来研究所。

尼克·博斯特罗姆是一位自信、理智、中等身高偏瘦的人。我们在他二楼的办公室里碰面，从他办公室能俯瞰这座历史名城。博斯特罗姆喜欢花时间仔细考虑我们的生存所面临的各种威胁，包括它们的可能性和我们应该对此做些什么。博斯特罗姆认为科技进步的速度和理解科技发展对人类产生的危险依然存在很大的差距。

在那个阴天里，我们正在谈论有关上传自己的思维的可能性，尽管博斯特罗姆并没有忽略它的危险性。博斯特罗姆相信随着科技的加速发展，“在某一时刻，上传思想的技术能被人们所利用，我们可以把人类的大脑转变成软件”。他说，通过对已切成薄片的大脑层进行高分辨率扫描，然后将扫描结果上传到计算机，就可能实现这项技术。他感觉这一天离我们不远了。

这个想法是当人类的身体被丢弃，或者更有可能的是已经老化后，能把人类的意识很好地存在于一台机器里。博斯特罗姆说：“这个想法的主要的压力可能来自身患绝症却想要长生不老的人。”他认为我们的神经元体系结构也许能存在于一台计算机上，但我们的意识也许“驻留在现实生活中的机器人或者作为虚拟现实中的化身”。

在计算机游戏世界中这是有先例的。《第二人生》是一款3D的在线社区游戏，数百万的玩家经常在一个虚拟世界中散步，那里每个人都很漂亮。它是旧金山林登实验室的创作，为玩家在他们的个人电脑上提供实时体验，允许他们在城堡周围、荒芜的岛屿和其他奇异的3D环境中漫步，并碰到成千上万在线的参与者，相互交谈甚至进行虚拟的性爱。公司报告称，玩家平均每周大约花20个小时待在这些虚拟的场景中。

博斯特罗姆声称，一旦现实社会被上传至网络，它实际上把我们的能力分割为执行不同任务的节点。毕竟，雇用一个数学上的节点，远比浪费大量的时间做数学更有效率。人工智能的目标之一就是使所有人获得所有的知识，如果我们是软件中相互连接的模块，这个目标可能更容易实现。博斯特罗姆感觉这将自然而然地形成专业化。

一旦专业化被标准化，自我复制将变得合乎逻辑，因为它增加了个人的价值和资产。他说，仍然会有人愿意自己亲自动手做事，比如喜欢种植蔬菜或者编织自己的毛衣的爱好者，但是他们将被不需要做这些事情的人所超越。关于人类需要偶尔休息和放松这一老论调在一个上传的世界里将不复存在，因为软件包不需要休息。

在这个世界里，博斯特罗姆看到模拟生活分为两组。一组将通过参与诸如幽默、爱、游戏、艺术、性、舞蹈、社交、食品等等令人愉快的东西来复制当前人类的价值。尽管博斯特罗姆认为那些活动在人类进化史上已经存在并适合了，但他感到好奇的是，它们在人类未来是否也适合呢？博斯特罗姆说道：“也许未来使适合度最大化的将是永不停止的高强度工作——单调而重复的工作——旨在将一些经济生产指标提高8%。”

博斯特罗姆所提到的未来上传世界的超级竞争群体将会是一个只会工作没有乐趣的团体，或者是他所称为的“适合度最大化的竞争者”，相对应的是“快乐与幸福的团体”。他设想“适合度最大化的竞争者”将最终从“快乐与幸福的团体”手中接管当时的资本，因为后者可能仍然喜欢偶尔娱乐一下，这对于今天的有机大脑来说是个不错的活动，但对于我们未来的软件自身来说是不必要的、浪费时间的和徒劳无功的活动。

在最终形成的未来世界中，每个人都是一个“适合度最大化的竞争者”，或者继续存在一些“快乐与幸福的团体”，但这些人的活动将转入地下。

博斯特罗姆认为如果我们想继续对这种偶尔的幸福感兴趣，我们可能需要通过法律向适合度最大化的活动征税，同时资助“快乐与幸福”的认知体系结构。例如，我们可以拿出一部分资源用来设立一个“快乐与幸福”保护基金。我们也可能不得不通过法律禁止建造对人类价值有敌意的人工智能，这是博斯特罗姆的另一个担忧。

人工智能问题

《我们最后的发明：人工智能和人类时代的终结》一书的作者詹姆斯·布莱特也担心不受管控的人工智能。部分结论起因于这个事实，即国防机构出现在最活跃的人工智能投资者中。他们的重点是给任何能够推进最远和最快的人提供竞争优势，而且他们的许多研究目的是为了杀死人类。

计算机以指数方式在快速发展。尽管如此，要想实现高级人工智能与人类智能处于同一水平，还需要克服巨大的障碍。视觉识别软件目前还无法分辨狗和猫的差异。利用人工智能来诊断疾病可能具有极大的优势，因为与一名医生相比，计算机能够存取更多的数据，速度更快。但假如视觉作为诊断的一部分，计算机可能会分析所有的病症，然后没注意到病人身上的子弹孔。

但是那些问题终将得到解决，不论是通过先进的计算机处理技术或者通过对人类大脑的逆向工程，去复制它生物学上的具有启发性的方法，都比试图通过不同的技术重现其结果要好。令人担忧的是，先进的机器一旦出现，其自身的进步将传给其余 AI（人工智能）：它们也将指数式进步。

权力的颠覆也许看上去平缓、无痛甚至有趣，但结果可能是致命的。他们也许会把我们视为老板，或者以我们对待我们的灵长类祖先的方式来对待我们：把猴子、类人猿和猩猩关在动物园里，作为实验动物——它们的野外种群都濒临灭绝，在遥远未来的存活机会很低。随着高级人工智能的发展，我们将把另一能超越我们的物种引入到我们的星球上。

博斯特罗姆的模拟论证考虑到我们可能已经处于一个虚拟现实中。他说，这仅是对今天现实生活的几种合理描写之一。在制造出由转存的思维所驱动的虚拟世界之前，类似于我们现代的文明就会灭绝。或许他们会失去创造足够精细——精细到里面的意识拷贝会产生自我意识——的计算机模拟的兴趣。

或者，最后我们完全生活在计算机模拟中，你和我都是虚拟的。

从悬崖边逐渐后退

但是，如果社会不想要上传自己的思维，将会怎么样？如果(计算机误)将你的大脑切成烤火腿片(的新闻)使得股市暴跌呢？如果计算机在分辨猫狗的问题上死机了呢？也许我们只需要继续我们人的生活方式，生育，消耗资源，并抱有最好的期望。

不久前，格奥尔基·高斯曾思考过“继续我们的生活方式”的选择。20 世纪 20 年代，当他还是莫斯科大学的一名学生时，他完成了一个经典的实验。实验中，他将半克的燕麦片放入水中，将其煮沸做了一个液体培养基，然后把这些混合物倒进一个小的平底试管中。他在每个试管中放入少量的两种不同的单细胞微生物，每个试管放一种。每一个试管是一个独特的生态系统，一个单一组织块的食物网。然后，他把它们放置在一个温暖的地方，一个星期后回来查看结果。他所著的书《生存斗争》于 1934 年出版，书中详细地描写了这些发现。

起初，这些微生物的数量缓慢增长。在以时间为横坐标、微生物数量为纵坐标所做的图上，曲线随着微生物数量的增长而逐渐上升。但曲线在某处出现了突变，微生物的数量急剧增加，曲线突然变得陡峭。微生物的疯狂增长使得曲线继续上升，直到它们耗尽所有的食物后，曲线开始平整，然后由于微生物开始死亡而急剧下降，最终曲线骤降至零。

如果我们看看智人的增长，就会发现持续增长的人口实验和高斯在20世纪30年代所描述的微生物实验有相似之处。如果遗传学家是正确的，智人离开非洲时不超过几百人，迁移到世界各地享受着一系列的伊甸园。在我们最大的扩张时期，我们的人口数量仅仅是五百万。但随后的大约一万年，我们发明了农业，人口数量开始急剧上升。

在19世纪和20世纪，我们发现使谷物茎秆变粗的方法，同时生产出化肥并建造出更好的灌溉系统，仅过了200年，我们的人口数量从10亿增长到70亿，还将会增加20亿或30亿人。大部分的增长发生在最近的50年或60年里。很明显，我们就像一种病毒，或者至少就像是一种单细胞微生物。在高斯实验中，微生物疯狂增长的部分原因是试管中缺少竞争物种。竞争物种应该会降低增长速度，形成缓冲，产生竞争。但我们正在消除那个可能性，不是吗？

2000年，荷兰的化学家保罗·J.克鲁琛把我们的时代定义为“人类纪”，就是人类的时代。他注意到人类的行为对地球的气候影响如此显著，以至于构建起了一个新的地质时代。

但是对于这样的影响有没有限制呢？如果像高斯的微生物一样，我们的人口数量上升到顶峰然后急剧下降，那将会怎么样？如果人口过多、饥饿、疾病和本地物种的非正常灭绝让我们最终只剩当前物种数量的20%（或许被灾难余波分隔开来）、人口数量回到200年前的10亿或20亿，将会怎样？

伊恩·塔特索尔是纽约美国自然历史博物馆前馆长和《星球的主人：搜寻我们人类的起源》一书的作者。他不相信在现有条件下还会出现另一个物种。塔特索尔说：“人类已经遍布全世界，公共交通运输使我们太容易交织在一起。”但当我们提出类似于格奥尔基·高斯在培养皿见证过的有关种群崩溃的观点，塔特索尔说，“世事难料”。

如果人类未来的发展重演了高斯的实验，那么有可能智人中的一名将发展成为世界上的另一个物种，数量远远低于我们现在的人口数量。

下一个物种同样能够产生于大规模灭绝所形成的隔离。由于文化的烙印和偏见，它也可能被隔离在现在的现代文化环境里。或者遗传工程可以创造出一个“超级种”，且这个“超级种”讨厌与“亚超级”的生物进行交配。

与下一个物种共存必须从识别开始：知道它们是谁，它们长什么样。我们将如何做到呢？差异能够从简单的事情开始，例如一些基因能够帮助下一物种更有效率地消耗食物，就像印欧人一样，或者使人类对未来的疾病灾难有更多的抵抗力，就像西班牙征服者一样。然而无论印欧人还是西班牙征服者都不是不同的物种，所以下一个物种出现还有更长的路。

科学家告诫人们警惕那些认为选择会让自然界像新手机般不断升级的空想家。选择仅允许一个新物种在特定的时间和特定的区域内超越它的祖先。进化可能产生更聪明的个体，以更好、更长远的视角来看世界，但它将仅作为一个附带利益而发生。现在头号利益仍会是最大的适合度。

尽管如此，我们也可假设这能够发生。是即将发生，还是遥不可及，或者是已经发生了而我们不知道？如果你将要接纳一个尼安德特人，把他清理干净，帮他理发，让他穿上新衣服，把他扔到大街上，几乎没有人认出他与其他人有什么不同。道格拉斯·帕尔默在所著的《起源：揭示人类的进化》一书中声称，尼安德特人的身体比现代人更宽一些，眉毛更明显一些，手臂更粗壮一些，但他可能是田径明星、足球运动员，或众人皆知的性感演员。

延续着过去原始人类发展的趋势，下一个物种可能更瘦一些，有着更大的头和更大的脑，还有功能减弱的鼻子、眉骨和其他一些面部特征。尽管如此，你能从人群中挑选出下一个好过尼安德特人的物种吗？记住这一点，即使你就是下一个物种且正在阅读这段文字，设法更好地了解那些将被你取代的人，你也将劫数难逃。正如史密森学会的汉斯－迪特尔·休斯所说，地球上 99.99% 的物种已经灭绝。从长远来看，没有理由认为人类或者他直接的后代会比地球上所有物种活得更长。

时间是问题的一部分。人类很难考虑到在我们这个星球的历史上已经经过的巨大的时间尺度，我们短暂的历史根本无法与它相比。科学家们称之为"深时"，而人类显然并不是一个"深度"的思想者。古生物学家史蒂芬·杰伊·古尔德为了使他的哈佛学生对此印象深刻，给他们列举了一个简单的类比：如果我们星球的起点是你的鼻尖，它现在所处的位置是在你伸出的指尖，锉刀在手指的指甲上一划就能把所有的人类历史抹掉。这并不是指人类文明的短暂时期，而是指智人和他所有的原人祖先存在的整个历史。

科学家们也喜欢用时钟来做比喻，从另一个视角来看待人类的时间。如果把我们星球 45 亿年的历史比喻成 24 小时的一天，寒武纪大爆发大约在晚上 10 点才发生，恐龙直到晚上 11 点后才出现，一颗大的小行星在午夜前 20 分钟终结了它们的时代。人类直到最后几秒钟才出现。

人类可能最终仅仅是快速生长快速死亡的动物，考虑到一个哺乳动物种类的平均寿命只有 100 万 ~ 200 万年。我们存在的时间大概只相当于其中的十分之一，大约 20 万年，而且我们的生存受到了严重的威胁。麻省理工学院的山姆·保灵认为，古生物学对人类的记录将显示在智人从地下挖掘出的一块薄薄的金属片上。

简·札拉希维茨是英国莱斯特大学的一名讲师，也是《人类灭绝后的地球》一书的作者，他承认很难比较人类的时间尺度和地质的时间尺度。他建议我们去美国亚利桑那州弗拉格斯塔夫附近的科罗拉多大峡谷旅行，向下看看一英里（1.6 公里）深的峡谷，它的岩层跨越了 15 亿年。他说，"基于这个尺度来测量，我们自己的物种将分布在大约 3 英寸（7.6 厘米）厚的岩层，我们工业时代的记录将被限制在百分之一英寸（0.254 毫米）厚的岩层"。对于地质学家来说，这样的间隔几乎是一瞬间，不超过一次流星撞击的时间。

虽然人类种群的爆发对自然是不利的，但对于未来的星际地质学家却是好事情。样本越多，成为化石的机会也就越多，人类在过去的100年里已经赶上了样本的爆发。也许我们最好的选择将是以化石的重要性为目标。

但如果你真的想让你的骨骼最后出现在银河系中某个时空博物馆的实景模型中，然而正如他们在房地产中所说的，这一切都取决于位置，位置，位置。在海边或者河口，你需要脱掉你最后一把弓，那里的沉积物、土壤和岩石都相互堆积在一起，土上积土，层层叠叠。如果你在悬崖顶或山顶上演唱你最后的作品，不管它是否具有戏剧性的吸引力，对化石的保存都是不利的：那里的侵蚀状况太活跃了。正如古生物学家所指的，土壤的逐渐累积或“沉积”使土壤在你的骨骼上一层积一层，这远比侵蚀能更好地保存未来的新化石。

那么，智人如何结束他的演出，自然如何移到舞台中央？看看尼安德特人的做法。在直布罗陀岩山山底和伊比利亚半岛尖端的洞穴中，发现了尼安德特人存在的最后证据。全球的温度较凉爽，许多水分冻结在冰块中，海平面降低了80～120米。这使得很大一部分沿海大陆架露出海面，而这些大陆架如今都在地中海下面。

这里有丰富的肉类和猎物，但没有足够的水。在夏季干旱的时候，生命被拉伸至它的极限，这可能会导致生命的结束。在当时那种环境下，夏季里没有降雨，而且在一些年里根本没有降雨。

当一个物种的出生数量赶不上死亡数量时，数量会逐渐减少，灭绝就会来临。人类的这种状况可能出现在21世纪末，许多人口统计学家预测到那时人口的增长可能开始下降。这可能是件大事：人类最终控制了人口增长。但它是值得庆祝的呢，还是终结的开始？如果未来的人口不能控制资源的使用，那么减少人口增长可能是一个空洞的承诺。

近些年来，在主要的高校和政府机关已经召开了许多会议，讨论对人类生存造成的威胁。人们总是提到小行星和彗星，因为一颗小行星与恐龙的灭绝有很大的关系。一颗小行星或彗星可能导致人类的灭绝，正如我们所知的，1994 年科学家们用望远镜观察到了苏梅克 – 列维 9 号彗星与木星相撞所产生的影响。此类事件的警告可能仅为一年，彗星撞击地球所产生的后果肯定会使我们的物种灭绝。但更有可能的是仅仅毁灭了人类的一部分，剩下的人类在一个相对短暂的时间内便可以恢复，就像第二次世界大战之后的那些年。

突然的气候变化也可能威胁我们的生存，但我们已经在新仙女木事件中存活下来了，正如最后两个冰川时代，我们仍然生机勃勃。气候变化更倾向于肆虐自然，而自然间接肆虐我们人类。生物武器？失控的纳米技术？我们从鼠疫中挺了过来。甚至连美洲原住民也在欧洲人的征服下存活了下来。

拥有某种超级人工智能的机器人比它们的创造者更聪明，它们可以从云端存取全世界的知识。可能惊人地有益也可能惊人地有害，这取决于它们的设计者，但不太可能立刻攻击我们所有人。

核能消灭人类的可能很大。2012 年，《原子科学家公报》宣布，他们已经把末日时钟从午夜向前拨进了 5 分钟。2010 年末日时钟曾被推回到午夜前的 6 分钟，但基于全球武器削减停滞不前的事实（正如为控制气候变化所做的努力），他们再次将时间往前推进。公报提到，我们仍然拥有超过 9 万个核武器，“足够毁灭世界的居民好几次了”，许多国家还在升级他们现在的军械库。制造这些武器的复杂性和所需的资源妨碍了它们的扩散，但是如果有人发现能从沙子中制造这些武器的方法，或者类似的事情，那将会发生什么呢？

根据联合国人口署统计的人口情况，预测 2050 年世界人口将达到 92 亿，这种情况常常被认为是最有可能出现的。由于欧洲和美国的生育能力提高，这一增长率要高于先前的估计。1800 年，200 年前，我们仅有 10 亿人口。

人类非常善于从地球上提取自然资源。正如《1491》一书的作者查尔斯 · 曼所说，“它是我们最好的自然赐福，或者曾经是最好的自然赐福”。在一些重要的领域，我们正在接近尽头。在下一个 100 年里，虽然开采技术不断提高，我们也将耗尽石油、磷，甚至可能包括肥沃的土地。在 20 世纪末，世界银行预测,21 世纪的大部分战争将因为水供应而发生。

据加州大学圣克鲁兹分校的教授吉姆·埃斯蒂斯所说，“我们要么进化成新的东西，要么就走进死胡同。这智人的世系将不复存在。关键是看下一个 50 年到 100 年；这是大问题。对于经历那个时期的人来说，其生活质量将会是怎样的呢？除此之外，我们预测的能力非常有限。在 5 万年后的将来仍然可能存在人类，像我们今天所了解的一样。但确定的是，100 万年后的将来……我们将会灭绝。”

但什么能够阻止我们要抵达格奥尔基·高斯在《生存斗争》一书中所描述的曲线，经过它后就由急剧上升陡变为急剧下降的转折点呢？答案是：别去那里。退回来，停止！但在提出那样的要求时，我们正在要求人类去做一些其他物种从没有做过的事情：自愿地限制人口数量。它是一个巨大的命令。北美五大湖的斑马贻贝，关岛的褐树蛇，非洲河流的水葫芦，佛罗里达州的缅甸巨蟒——所有这些都继续试图在它们的环境中蔓延。

但查尔斯·曼表达出了希望。他在最近发表于美国《猎户座杂志》上的文章中描述了 18、19 世纪的奴隶制的情况，以及社会如何与这一“常轨”渐行渐远。这也正是丹尼尔·笛福的著名小说《鲁滨孙漂流记》出版的时间，书中描述了鲁滨孙和他的船员遇到海难，漂流到了远离委内瑞拉的一个荒无人烟的岛屿上，在那里他们学会了依赖土地生活。笛福将鲁滨孙·克鲁索描写为一艘奴隶贩运船上的军官，这在当时是一个高贵的职业。当书在 1719 年出版时，没人投诉。当时奴隶制是被认可的了。

但随后在 19 世纪的几十年间，奴隶制几乎消亡。人类的意识在这变化之路上改变极大。1860 年，在美国，奴隶是最有价值的资产，合计价值相当于今天的 10 万亿美元。但反对奴隶制的浪潮掀起，尽管个人生活和国家财政为此付出了巨大代价，美国内战造成超过 60 万名参战者死亡，并破坏了美国的经济，但奴隶制消亡了，而且奴隶制不仅是在美国消亡了：在 19 世纪和 20 世纪初期，奴隶制在英国、荷兰、法国、西班牙、葡萄牙、韩国、俄罗斯、中国消亡了，很快也在世界其他地方消亡了。世界上仍然存在一些奴隶制的痕迹，如强迫劳动、性奴役和契约性劳役，但几乎没有开放的奴隶贩卖市场，而且在很大程度上，国家的兴盛不再依靠奴隶。

另一个态度极大转变的例子是女性地位的提升。当解放奴隶的南北战争在美国激战正酣时，女性的基本权利也是被否认的。在南方和北方，几乎没有女人能进入大学，担任公积，经营生意或投票。在所有社会中，男人都处于支配地位。直到 20 世纪的上半叶，妇女的投票权才在大部分国家普及。在美国，妇女逐步获得选举权，1920 年通过的美国宪法第十九条修正案使妇女在全国范围内获得了选举权。如今美国的女性组成了工人和选民的主体。相同的情况也出现在世界上的许多国家。

现在，类似的事情正发生在同性恋、双性恋和变性人身上。立法和法律修订上的重大改变正在发生，他们也逐渐被大众所接受。

巨大的改变浪潮仍然可能有利于人类物种的生存。

阻止人类毁灭自己不只是行为的改变。就像很多的抵挡饥饿的节食者一样，我们将不得不停止繁殖，放弃增长，限制我们对自然资源的使用，从而不会触及那条致命的曲线，避免自然灾害做出对我们不利的选择。

据华盛顿大学的教授、古生物学家彼特·沃德所说，目前地球正处于他所称的可居住区，与太阳保持理想的距离。天文学家不仅在银河系中寻找可居住的行星，也在寻找与他们的恒星有相似距离的行星。如果一颗行星距离太阳太近，就会变得太热。金星的表面热得足以做饭了。就算它上面曾经有水，也都已经蒸发到太空中了。在火星上，所有的水都被冻结了。金星和火星都位于可居住区外。问题是可居住区随着时间的推移而往外移动。这是因为我们的太阳随着年龄的增长而变得越来越热。在这种环境下，地球将在5亿~10亿年后离开可居住区。地球上可能还存在生命，但将会是微小的生命。那时，火星可能是一个好的赌注。如果人类能够等待，如果我们人类能生存那么长的时间。

沃德认为人类将能在地球位于可居住区之外时幸存下来，“但跟这星球一路走来的动植物们，被我们肆意取用的动植物们，不会有这么好运”。星球的未来可能洋溢着突发事件，在这些事件中人类有时也会倒退回石器时代。

卡里生态系统研究所的施莱辛格所长说：“我们星球的状况主要取决于生物圈，它是地球上所有物种集体行动的结果。这些物种控制大气和海洋的组成、气候以及陆地上和海洋中的植物生产总量，我们都要依靠它们提供的食物、燃料和纤维。很难相信没有它们我们能存活下来。”

单一的原因不会导致人类的灭绝。但多种原因就有可能。最后可能像道格拉斯·欧文描述的二叠纪的终结——他所称的“东方列车谋杀案”理论——那样，即多种原因造成二叠纪的灭绝。这种多样化的原因可能也引发了白垩纪的灭绝：大型的植食性爬行动物陷入长期的衰落，加上德干高原玄武岩的影响，它是世界上最大的火山岩区之一，面积约为印度面积的一半。来自巴黎地球物理研究所的文森特·库尔蒂约说：“德干高原的火山爆发向大气中释放的改变气候的气体比几乎同时发生的希克苏鲁伯流星撞击地球所释放的气体要多出10倍。”

第六次大灭绝也可能是多种原因造成的，以各种各样的方式到来，包括人口过多、气候变化失控、肆无忌惮的疾病和现代人生活必需品的耗尽。

我们上传思维后能像机器人般在自然界中活下去吗？也许能。但没人能给大自然贴上这种包票。自然将会生存下去，生命将会延续，虽然是以不同形式，不同的物种。生态系统将有一天得以恢复和繁荣起来，就像在人类出现之前一样，当然，那时会拥有不同的参与者，也许还有不同的规则。

随着人类主角之位归于尘埃，自然可以大大地松一口气，然后向前推进，恢复它之前的荣耀。

致谢

本书得到了太多耐心而明智、有意义的帮助，在此我深表感谢：

康奈尔大学鸟类学实验室的汤姆·舒伦贝格让我陪同他以及他杰出的队员们——劳伦斯·洛佩兹，莫妮卡·罗莫，布拉德·博伊尔以及莉莉·O.罗德里格斯一起出行，这也是我第一次去拜访安第斯山脉东部的云海森林。而维克森林大学的迈尔斯·希尔曼让我再次拜访了那里。

虽然我也听到了其他人，比如像著名的人类学家理查德·里奇说过同样的话题，但加州大学伯克利分校的安东尼·巴诺斯基才是首先警告我有关我们自身大灭绝的可能性的。

瓜达卢佩山国家公园的地质学家乔恩娜·赫斯特引领我到卡皮坦暗礁的东得克萨斯的小径上，并向我展示了来自二叠纪大灭绝的化石。哈佛大学的安德鲁·诺尔以及麻省理工学院的山姆·鲍林提供了大气层的以及地质学的观点。

卡里生态系统研究所的比尔·施莱辛格告诉我有关早期地球上的生命以及这些生命的外观上都有哪些化学物质。同样在卡里的里克·奥斯费尔福德，告诉我森林和动物物种的丧失对疾病来讲有着怎样的影响。斯坦福大学的罗伯·杰克逊带我到德州中部的鲍威尔的洞穴中，向我展示了一种入侵植物杜松是怎样从爱德华兹高原偷水的。

在卡里的斯图亚特·芬德利帮助我熟悉纽约的卡茨基尔/特拉华州分水岭。大欧登塞中心的戴利亚·埃莫·康德向我展示了美洲虎和雨林对中美洲的人类生活是怎样的至关重要。拉斯维加斯内华达大学的斯坦·史密斯以及洛杉矶加州大学的格莱格·奥金向我展示了沙漠外壳对美国沙漠的寿命是怎样的至关重要。加州大学伯克利分校的古生物学家查尔斯·马歇尔，以澳大利亚的角度给我分析了美国的物种损失。

英国洛桑研究所的凯文·科尔曼和保罗·波尔顿，描述了我们的土地对农业的未来是多么重要。杜克大学的丹·李希特，带我第一次参加了有关土地的会议。圣保罗大学的爱德华多·内维斯给我介绍了普雷塔土壤，这是一种黑土，是来自古代亚马孙印第安人的一个朴实的礼物。

加州大学伯克利分校的莱斯李·鲁斯科和印第安纳大学的杰克逊·尼嘉，让我分享他们在坦桑尼亚奥杜威峡谷的野外基地。米里亚姆·欧里茉塔带我去她的马赛村。还有托莫斯·普罗菲特带我制作石器时代的手持斧头。

史密森学会的汉斯–戴尔特·苏伊士解释了在三叠纪时期鳄鱼是如何成为真正的主要捕食者。同样在史密森学会的瑞克·波茨谈到早期人类的发展可能有气候作用的影响。在卡里的凯瑟琳·韦瑟斯点燃了我对东部智利雾森林的激情。

感谢加州大学圣塔克鲁兹分校的吉姆·埃斯蒂斯帮助我理解虎鲸如何转向以海獭为食的；感谢斯坦福大学的威廉·吉利花费了很多时间来教给我有关洪堡鱿鱼的知识；感谢圣巴巴拉市加州大学的格雷琴·霍夫曼在海洋酸化上的洞察力；还要感谢弗兰克·赫德，感谢他不知疲倦地努力把清洁的可持续的水产养殖带到下加利福尼亚州，以弥补鱼类的消失。

新墨西哥大学的费利萨·史密斯向我展示了曾经的动物如何变得那么强大以及它们可能如何再次变成那样。加州大学洛杉矶分校的布莱尔·范·瓦尔肯博向我展示了曾经在好莱坞以南四英里（约 6.5 公里）处的自然是如何的重要和多姿多彩。

美国犹他大学的亨利·哈本丁让我相信人类仍然在发展。牛津大学的尼克·博斯特罗姆，他那关于地球上人类未来的预言让我很高兴。

杜克大学的斯蒂芬·威尔·史密斯出版了 16 本书，自始至终都是我的良师益友，他鼓励我加快完稿并鼓励我去非洲。感谢吉姆、朱莉、诺埃尔、埃迪、盖理，以及天空山谷徒步旅行俱乐部的其他成员，感谢他们陪我度过许多个早晨以及提出了许多令我一直思考的问题。

我很感激我的家人，比尔、芭芭拉、山姆、安、玛格丽特以及我的妻子马吉，感激他们在这漫长的过程中能够容忍我。还要感谢迈克·拉乔伊、亚历克斯·韦克斯勒、格雷斯·墨菲以及盖理·科特，感谢他们宝贵的支持。

感谢尤德·拉吉对我的热心与热情。感谢第一个见到承诺的希拉里·雷德曼。还要感谢利亚·米勒、韦伯斯特杨司、凯伦·马库斯在早期日子一直支持我。另外还得感谢杰出的编辑谷川悉尼，感谢他帮助我修改间或杂乱的手稿直到目前的形式。

谢谢大家。

注释

A

Adam Pack	亚当·帕克
Alan Springer	艾伦·斯普林格
Aldo Leopold	奥尔多·利奥波德
Alex Wexler	亚历克斯·韦克斯勒
Alexander Oparin	亚历山大·奥帕林
Alfred Russel Wallace	阿尔弗雷德·拉塞尔·华莱士
Alfred Wegener	阿尔弗雷德·魏格纳
Andrew Dobson	安德鲁·多布森
Andes Mountain（地名）	安第斯山脉
Andrew Knoll	安德鲁·诺尔
Angelica Pasqualini	安杰利卡·帕斯夸利尼
Angelina Jolie	安吉丽娜·朱莉
Anthony Barnosky	安东尼·巴诺斯基

B

Bill Schlesinger	比尔·施莱辛格
Blaire Van Valkenburgh	布莱尔·范·瓦尔肯博
Bob Wharton	鲍勃·沃顿
Boris Worm	鲍里斯·沃尔姆
Brad Pitt	布拉德·皮特
Brad Boyle	布拉德·博伊尔
Bugsy Siegel	毕斯·西格尔
Burney Le Boeuf	伯尼·勒·伯夫

C

Callum Roberts	卡勒姆・罗伯特
Caitlin Brown	凯特琳・布朗
Calvin Coolidge	卡尔文・柯立芝
Capitan Reef（地名）	卡皮坦礁遗址
Carl Bergmann	卡尔・伯格曼
Carl Sagan	卡尔・萨根
Carlo Urbani	卡洛・乌尔巴尼
Carol Stoker	卡罗尔・斯托克
Cathy Lucas	卡西・卢卡斯
Charles Darwin	查尔斯・达尔文
Charles Lyell	查尔斯・莱尔
Charles Mann	查尔斯・曼
Charles R. Marshall	查尔斯・R. 马歇尔
Charles Walcott	查尔斯・沃尔科
Chikako Suda–King	近子・苏达金
Chris Lowe	克里斯・劳
Chuck Norris	查克・诺里斯
Craig R. McClain	克雷格・R. 麦克莱恩
Curt Stager	柯特・史塔格

D

Dalia Amor Conde	戴利亚・埃莫・康德
Dan Richter	丹・李希特
Daniel Defoe	丹尼尔・笛福
Dave Choate	戴夫・乔特
David Letterman	大卫・莱特曼
David Morafka	大卫・莫拉芙卡
Dickson Despommier	迪克逊・戴波米亚
Donald Johanson	唐纳德・约翰逊
Doug Erwin	道格・欧文
Douglas H. Erwin	道格拉斯・欧文

E

Ed Boyden	爱德・博伊登
Ed Ricketts	埃德・里克茨
Edmund Fanning	埃德蒙・范宁
Eduardo Góes Neves	爱德华多・内维斯
Edward Beale	爱德华・比尔
Edward Evans	爱德华・埃文斯
Edward Wilson	爱德华・威尔逊
Emily S. Bernhardt	艾米丽・S. 伯恩哈特
Emma J. Rosi–Marshall	艾玛・J. 罗西 – 马歇尔
Ernst Mayr	恩斯特・迈尔
Eugene Schieffelin	尤金・席费林

F

Felisa A. Smith	费利萨・A. 史密斯
Francisco de Orellana	法兰西斯科・德・奥雷亚纳
Frank Hurd	弗兰克・赫德

G

Galápagos Islands（地名）	加拉帕戈斯群岛
Gary Kott	盖理・科特
George Allan Hancock	乔治・艾伦・汉考克
George Burgess	乔治・伯吉斯
George Clooney	乔治・克鲁尼
George H. H. Huey	乔治・H. H. 休伊
George Raft	乔治・拉夫特
Georgii Gause	格奥尔基・高斯
Geraint Tarling	杰伦特・塔林
Gibraltar（地名）	直布罗陀
Gifford H. Miller	吉福德・H. 米勒
Giovanni Schiaparelli	乔瓦尼・夏帕瑞丽
Grace Murphy	格雷斯・墨菲
Greg Okin	格莱格・奥金

Gretchen Hofmann	格雷琴・霍夫曼
Gustave Eiffel	古斯塔夫・埃菲尔

H

H. L. Gordon	H. L. 戈登
Hans–Dieter Sues	汉斯 – 戴尔特・苏伊士
Harry Randall Truman	哈里・兰德尔・杜鲁门
Harry Blackmore Whittington	哈里・布莱克摩・惠廷顿
Henry Blanford	亨利・布兰福德
Henry Bowers	亨利・鲍尔斯
Henry Harpending	亨利・哈本丁
Hilary Redmon	希拉里・雷德曼
Homo erectus（化石人种）	直立人
Homo habilis（化石人种）	能人
Homo neanderthalensis（化石人种）	尼安德特人
Homo sapiens（现代人）	智人

I

Ian Tattersall	伊恩・塔特索尔
Ian Thornton	伊恩・桑顿

J

J. B. S. Haldane	J.B.S. 霍尔丹
J. Craig Venter	J. 克雷格・文特尔
Jackson Njau	杰克逊・尼嘉
James Brophy	詹姆斯・布罗菲
James Colnett	詹姆斯・科莱特
James Barrat	詹姆斯・布莱特
James Morris	詹姆斯・莫里斯
Jan Zalasiewicz	简・札拉希维茨
Jayne Belnap	杰恩・贝尔纳普
Jim Estes	吉姆・埃斯蒂斯
Jim Smith	吉姆・史密斯

John Adams	约翰·亚当斯
John Bennet Lawes	约翰·贝内特·劳斯
John Calambokidis	约翰·凯尔郎姆布凯迪
John Phillips	约翰·菲利普斯
John Randel Jr.	小约翰·兰德尔
John Steinbeck	约翰·斯坦贝克
John Terborgh	约翰·特伯格
Jonathan Lynch	乔纳森·林奇
Jared Diamond	贾雷德·戴蒙德
Joanne Thomas	乔安妮·托马斯
Jonathan Weiner	乔纳森·韦纳
Jonena Hearst	乔恩娜·赫斯特
José Luis Acuña	乔斯·路易斯·阿库纳
Joseph Masoy	约瑟夫·梅森
Joseph Henry Gilbert	约瑟夫·亨利·吉尔伯特
Josh Dolan	乔什·多兰
Jud Laghi	尤德·拉吉
Juan Enriquez	胡安·恩里克斯
Julia Kornegay	朱莉娅·科恩盖
Julia Stewart	朱莉娅·斯图尔特
Justus von Liebig	胡斯塔斯·冯·李比希

K

Kamaljit Bawa	卡毛基特·巴瓦
Karen Marcus	凯伦·马库斯
Kathleen C. Weathers	凯瑟琳·C. 韦瑟斯
Kathy Schick	凯西·希克
Ke Chung Kim	金科钟
Kevin Coleman	凯文·科尔曼
Kim Holland	金·霍兰德

L

Larry Page	拉里·佩奇

Lawrence López	劳伦斯 · 洛佩兹
Leah Miller	利亚 · 米勒
Leslea Hlusko	莱斯李 · 鲁斯科
Lily O. Rodríguez	莉莉 · O. 罗德里格斯
Liz Bennett	莉兹 · 贝内特
Lothar Stramma	洛萨 · 斯特姆
Louis Leakey	路易斯 · 李奇
Luis Walter Alvarez	路易斯 · 沃尔特 · 阿尔瓦雷斯
Lisa Dellwo	丽莎 · 戴尔沃
Lisa Heimbauer	丽莎 · 海姆鲍尔
Lucrecia Masaya	卢克雷西亚 · 马萨亚

M

Madhav Gadgil	马达夫 · 加吉尔
Margaret Chan	陈冯富珍
Marguerite Holloway	玛格丽特 · 霍洛韦
Mairin Balisi	玛伊琳 · 帕里斯
Miriam Ollemoita	米里亚姆 · 欧里茉塔
Maria Cristina Gambi	玛丽亚 · 克里斯蒂娜 · 甘比
Mary L. Droser	玛丽 · 爵色
Mary Leakey	玛丽 · 李奇
Michael Greger	迈克尔 · 格莱格
Michael Jackson	迈克尔 · 杰克逊
Michael Russell	迈克尔 · 拉塞尔
Mike LaJoie	迈克 · 拉乔伊
Miles Silman	迈尔斯 · 希尔曼
Mónica Romo	莫妮卡 · 罗莫
Mount St. Helens（地名）	圣海伦火山
Mungo Park	蒙戈 · 帕克

N

Nathan Phillips	内森 · 菲利普斯
Nick Bostrom	尼克 · 博斯特罗姆

Nicholas C. Fraser	尼古拉斯 · C. 弗雷泽
Nicholas Toth	尼古拉斯 · 托特
Ngorongoro Conservation Area（地名）	恩戈罗恩戈罗保护区
Niels Stensen	尼尔森 · 斯坦森
Norman Borlaug	诺曼 · 博洛格
Norman Myers	诺曼 · 迈尔斯

P

Pamela Anderson	帕梅拉 · 安德森
Paul J. Crutzen	保罗 · J. 克鲁琛
Paul R. Ehrlich	保罗 · R. 埃利希
Paul Poulton	保罗 · 波尔顿
Paul Sereno	保罗 · 赛瑞诺
Percival Lowell	珀西瓦尔 · 洛厄尔
Peter Grant	彼得 · 格兰特
Peter Klimley	彼得 · 克里米雷
Peter Ward	彼得 · 沃德

Q

Qiang Li	李强

R

Rachel Carson	雷切尔 · 卡森
Rick Potts	瑞克 · 波茨
Richard Dawkins	理查德 · 道金斯
Richard S. Ostfeld	理查德 · S. 奥斯特费尔德
Richard Leakey	理查德 · 李基
Roald Amundsen	罗尔德 · 阿蒙森
Robert C. Stebbins	罗伯特 · C. 斯特宾斯
Robert F. Kennedy	罗伯特 · F. 肯尼迪
Robert Fogel	罗伯特 · 福格尔
Robert Shumaker	罗伯特 · 舒梅克

Rob Jackson	罗伯·杰克逊
Robert DeLong	罗伯特·德龙
Robert Scott	罗伯特·斯科特
Roger Hanlon	罗杰·汉伦
Roland C. Anderson	罗兰·C. 安德森
Ronald Amundson	罗纳德·阿蒙森
Roy Walford	伊·沃尔福德

S

Sam Bowring	山姆·鲍林
Scott Carroll	斯科特·卡罗尔
Sergey Brin	谢尔盖·布林
Stan Smith	斯坦·史密斯
Stanley Miller	史丹利·米勒
Stephen Brusatte	斯蒂芬·布鲁塞特
Stephen Jay Gould	斯蒂芬·杰伊·古尔德
Stephen W. Smith	斯蒂芬·威尔·史密斯
Steve Archer	史蒂夫·阿切
Stuart Findlay	斯图亚特·芬德利
Sue Savage–Rumbaugh	苏·萨瓦戈日鲁姆博夫
Susan McCouch	苏珊·麦克古奇
Sydney Tanigawa	谷川悉尼

T

Thom Hartmann	汤姆·哈特曼
Tom Gray	汤姆·格雷
Tom Schulenberg	汤姆·舒伦贝格
Tomos Proffitt	托莫斯·普罗菲特
Tony Rivera	托尼·里维拉

U

Unai Markaida	乌奈·麦卡达